U0175853

德国式简单厨房法则

德日混血料理生活家

〔日〕门仓多仁亚 —— 著

颜尚吟　王菲 ———— 译

山东人民出版社·济南

一起让厨房日课变简单

厨房家务犹如日课，我们每天都要面对。为了找出既能让家人吃得健康，又无须自己太费力的日常料理方法，我不断地摸索尝试。

在一次次的尝试后，我终于发现基础料理才是王道。只要将基本食谱熟记于心，我们做起料理来就会游刃有余。如果在食材、调味料上稍微花些心思和功夫，那么无论家常料理还是待客盛宴，我们都能够应对自如，无须再为想不出菜单而烦恼。

在本书中，我将介绍一些自己比较喜欢和满意的料理风格。如果能够给各位提供些许灵感或启发，使大家不用忙得团团转就能轻松享受料理的乐趣，我会感到十分荣幸。

门仓多仁亚

目　录

第三章
款待料理

第四章
收纳、整理灵感

本书使用方法

· 书中所涉及计量单位以下列数字为基准：

 1大勺=15毫升，1小勺=5毫升，1量杯为200毫升。

· 烤箱烘烤时间仅供参考。具体加热时间及加热程度因生产厂
 家、烤箱款型等不同而有所差异，操作时请根据情况微调。

第一章

每日料理简单规则

饮食是一个人的生存所需。所以，料理在家务中占据着相当重要的地位。不过，也不必因为这个原因就过度费心费力，正因为它是每日必做的事情，才更应该尽量简单化地思考。

　　家庭料理，只需尽可能地把对身体有益的食物做得好吃就行。然后，根据家庭的具体情况，比如有孩子的家庭、夫妇都是上班族、人口多的大家庭、一个人生活等，制定适合自己的料理规则。每周吃一次鱼、每周一将剩余食材全部用掉等，如果事先确定好这样的规则，每周菜单的制定也会顺利很多。

家庭料理无须费心费力

　　每天都要做饭，的确是一件辛苦的事。不过，所幸我们在家里做的顶多是家庭料理，它和餐厅提供的精致料理完全不同。"千万不能起疙瘩啊！""一定不要烤煳啊！"等等，这些"完美主义"都不需要。家庭料理不用过度追求完美，更无须费心费力。

　　对于家庭料理，只需照顾到家人的健康，尽可能选择安全放心的食材简单地加工，能让一家人面带笑容地围在餐桌旁享用就足够了。"今天的饭真好吃！"听到这样的评价，看到一家人和乐融融的样子，我的心里备感满足。

　　在信息泛滥的当下，要从中挑选出自己真正需要的信息并非易事。看到电视、杂志上关于专业料理人的厨艺介绍，我们不免心生敬佩："这道菜原来是这样做出来的啊！"然而，这毕竟是专业料理人才能做到的。想必不少人就是因为接收到这样的讯息后，对于自身的料理水平提出了过高的要求，从而感受到不小的压力。

　　在进入信息时代以前，大多数人还处于以农耕为生的时代，家庭主妇都是按照婆婆传授的方法，有什么做什么——"今天从地里拔了萝卜，就做炖菜吧。"我觉得无须费力思考，利用应季食材来简单制作料理的生活，在某种程度上来说，无疑是一种很理想的生活。

料理是生活中不可或缺的一部分。工作、家务和育儿都是生活的重要组成部分。即便没有时间打扫房间，饭还是得好好做。但是，如果你厨艺不够好，可能常常会用速食食品凑数。结果呢，不但收纳整理没做好，还要在堆满物品的房间中吃放有很多添加剂的料理。速食食品味道可能不错，但我总感觉这种做法是本末倒置的。

每个人都要思考一下：对自己来说，最重要的事情是什么；自己想过什么样的生活；家人都喜欢吃什么样的食物；自己每天花在料理上的时间，在这个范围内自己能做出哪些料理。

对我来说，最重要的是，尽量不使用速食食品，而是购买天然的原始食材，然后自己加工料理。另外，如果我当天有工作安排，那么45分钟内可以完成的料理是比较理想的选择。

熟记一种基本食谱

　　大家平时都会做些什么料理呢？每天都会变着花样做吗？看到电视上介绍墨西哥料理，觉得"看起来很好吃"就立刻学着做，或是最近流行考伯沙拉也会跟着做，你是这种类型的人吗？心灵手巧的料理达人或许在找到新的食谱后马上就能上手。但是，对于那些每天苦于不知道该做什么料理的人来说，与其不断挑战新的菜品，不如掌握几款无须看食谱就能轻松做出来的料理。

　　如果每次都尝试做不同的料理，就无法掌握一道料理的制作诀窍。主厨之所以厨艺高超，就是因为同一道料理反复地做过多次。**如果想把某一道料理变成自己的拿手菜，就需要不断地重复练习，直到烂熟于心。**

　　起初，哪怕失败也没关系。比如，每天都坚持做白汁酱的话，你渐渐就会发现，火候、黄油的融化程度、牛奶的分量等，都会影响白汁酱的凝固程度。只要不断尝试，你就能做出没有疙瘩、醇厚柔滑的白汁酱。

　　要说身边的料理达人，首先浮现在我脑海里的是德国的外祖母和鹿儿岛的婆婆。两位老人做饭时根本不用看什么食谱，而且加调味料的时候也都是靠经验和手感，不需要准确的计量。

这本手账是专门用来记食谱笔记的，但随着我反复制作料理，大部分菜品不用翻看手账就能做出来。

拿我个人的经验来说，不禁想到做味噌炒茄子时的经历。起初，我也是比着书上的步骤来操作，但做了几次后，发现味噌炒焦一点儿的话，做出来的茄子更香更美味。慢慢地，用家里的味噌烹调茄子时，我开始搭配使用糖。做到这一步时，你就可以认为自己已经会做这道菜了。当然，你也可以自由搭配其他食材。"啊，说不定放些肉进去会不错！""用味噌炒薄猪肉片和茄子的话，不只是麦味噌，说不定和韩国味噌也很搭。"……像这样，**熟记一种基本食谱，就能慢慢做出各种变化的菜式。**

食谱制定自我风，省掉考虑的麻烦

　　制定食谱出乎意料地让人伤脑筋。即便征求家人的意见，大多数场合家人都是仅淡淡地回一句："随便什么都行。"其实，哪怕说一句"想吃可乐饼"也比"随便"强，虽然做起来很费事，但是至少不用绞尽脑汁地考虑食谱了。

　　怎样才能让食谱的制定变得轻松一些呢？下面，我向大家介绍一些从朋友和家人那里学到的方法或点子。

　　首先，介绍一种传统的德式做法。在我从小生活的外祖父家，周五一般吃鱼，周六通常会煮放有很多食材的什锦汤，周日则会吃烤肉。按照外祖父的说法，过去都是在周六这一天把接下来一周要吃的面包烤出来，因为忙于做面包，没有时间做菜，所以才会把家里现有的食材统统切碎，丢进锅里一起炖成蔬菜汤。

　　另外，一位传承和发扬京都饮食文化的料理研究家曾告诉我，在京都做生意的人也有这样的固定的日子吃固定的食物的习惯，如每月第一天会吃鲱鱼海带卷，凡逢带"8"的日子就会煮油豆腐等。

　　我的一个朋友家里有两个儿子，她的做法是肉和鱼交替着做。

另外，还有朋友跟我分享了自己妈妈的做法，就是给主菜和配菜做固定的搭配。比如，做土豆炖肉时就少不了一份番茄沙拉，做照烧鲕鱼时一定会配上凉拌菠菜等。像这样事先确定好固定搭配，至少可以少花费一半的时间和心思在食谱的制定上。

再来说说我的方法吧。自从开始往来于东京和鹿儿岛两地间的奔波生活后，我习惯于在一周之内抽出时间统一购物。吉田女士专门种植有机蔬菜，她在附近的超市里设有吉田农园的专柜，只出售应季的食材。每次回鹿儿岛时，我都会专门去她的柜台采购大量新鲜好吃的蔬菜。肉、鱼、鸡蛋也是冰箱里的常备品。我习惯于打开冰箱，边浏览里面的食材边计划一周内的食谱。**食谱的制定不可能一直完美，但这并不重要，因为我们做的只是家庭料理**。只要是自己亲手做的，不管什么料理都会很美味。

多仁亚式菜单管理笔记

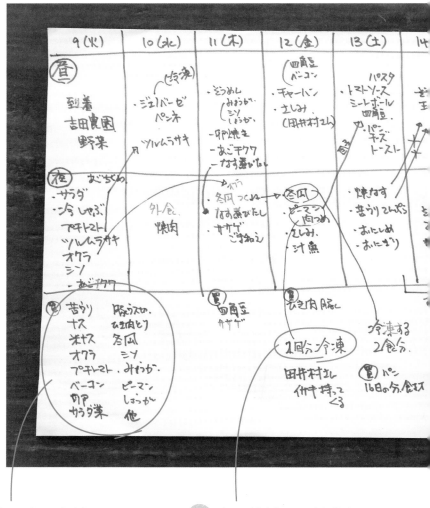

Point 统一购买食材

不只是暂居鹿儿岛期间，平时我也是尽量统一购买食材。比起先定好菜单再去购物的做法，我更喜欢一边在店里挑选食材一边考虑做什么饭菜。这种做法可以随机应变，不会浪费食材。

Point 次日的料理一并准备

如果不想在料理上花费太多时间，有一个窍门就是，把能提前做好的菜集中做好。把煎炒或腌制的蔬菜、肉馅、酱汁等提前做好，放进冰箱冷藏保存，是一种非常便利的做法。

这是在先生老家鹿儿岛度过的十天的真实食谱。
采购的食材、更换的内容都是后来一点点加进去的。

15 (月)	16 (火)	17 (水)	18 (木)	19 (金)
パンケーキ バナナ	↓ パン作り	(あげもの) さしみ ↑ インスタント みそ汁	ジャム忙し… パニーニ 買う	5:30 出発!
卵サンド 白パン	やきそば ピザ作ってくれる			

这是在先生老家鹿儿岛度过的十天的真实食谱。
采购的食材、更换的内容都是后来一点点加进去的。

Point 招待客人的菜单要定好

日常食谱很多时候只要写一下大致的内容就行，我常常会配合当天的心情或剩余的食材稍微调整。但是招待客人的菜单最好提前定好，食材也尽早准备妥当，这样客人来后就不会有太大的压力。

Point 剩余食材不浪费

在鹿儿岛停留的最后一天，往往是解决剩余食材的日子。食谱就根据剩余食材和保存的常备菜来定，食材还是剩下的话就冷冻起来。在东京生活时，我一周也会拿出一天统一吃掉剩余的东西。

在鹿儿岛的十天

10 DAYS

我给大家分享一下在鹿儿岛期间的料理记录，在前面也有提及。我们经常会和住在附近的长兄一家一起用餐。

DAY01 **8月9日**

我抵达鹿儿岛，去超市吉田农园的柜台，统一购买了蔬菜。每次回鹿儿岛时，我都会买很多吉田女士种植的有机蔬菜。

DAY02 **8月10日**

午餐吃意大利面，用的是之前冷冻起来的香蒜酱，并搭配昨天买的落葵。晚餐是在外面吃的烤肉。

DAY03 **8月11日**

炎炎夏日，我特别想吃一点清爽的东西，所以，中午吃素面①，配上来鹿儿岛之前去鸟取做演讲时买的"飞鱼卷"。

DAY04 **8月12日**

相熟的鱼店老板送给我几条伊佐木鱼，我把鱼做成生鱼片，午餐和晚餐各吃了一些。晚上做菜椒夹肉时，多做了些肉馅，留待第二天使用。

DAY05 **8月13日**

午餐吃番茄沙司意面，面中掺了用昨天的肉馅团的肉丸子，另加了点香辛料，意面口感浓郁，味道很不错。

正值盂兰盆节，晚上和长兄一家一起用餐。厨艺一流的淑子姐做了当地常吃的炖煮料理，并炸了苦瓜天妇罗，我捏了饭团。

①译者注：日本素面类似于国内的细挂面，夏天时常在煮过后用凉水冷却，然后蘸酱汁食用，可搭配天妇罗等。

DAY06 8月14日

今天也是和长兄一家一块儿吃晚餐。我中午本来想吃素面，不过听说晚上要吃素面，于是赶紧把午饭换成了鸡蛋三明治。可惜，买的裸麦面包不怎么好吃……

DAY07 8月15日

早餐通常是麦片、酸奶、水果和向日葵面包。但我今天特意烤了松饼，并搭了一根烤香蕉。吃得稍微和平常不一样的话，心情也会随之发生微妙的变化。

DAY08 8月16日

今天我要做店里销售的面包，特别忙碌，中午吃先生做的炒面。晚上请朋友来家里小聚，收到朋友送的鱼翅，便顺势做了中华料理。

DAY09 8月17日

中午吃日餐，我将昨晚做中华料理剩下的鲕鱼做了刺身，并搭配味噌汤和米饭。晚餐吃的是炒空心菜。

DAY10 8月18日

因为忙着做蓝莓酱，午餐吃的是买来的帕尼尼三明治。晚上，我用之前做的肉酱和其他剩余食材烤了馅饼。

第二章

日常食谱

要想让厨房家务变得简单，关键是重视基础料理。如果能熟记几种基本食谱，就能轻松驾驭，灵活变化。

本章中，我会介绍一些做菜的基本配料，也是欧洲餐桌上的基本元素——基本调味汁、番茄沙司、白汁酱的制作方法。这些酱汁可以和应季蔬菜或家里现有的食材搭配，变化出多种多样的料理，十分方便。另外，我也会分享一些剩余食材的利用方法和保存食品的方法，供大家参考。

使用调味酱汁的料理

　　直到今天我仍记得特别清楚，当我还是小孩子时，爸爸就经常夸赞妈妈："Ute（妈妈的名字）做的沙拉真好吃啊！"我最早从妈妈那里学到的食谱应该是怎么做沙拉吧。在欧洲人的餐桌上，沙拉是必不可少的食物。肉和鱼类作为主菜都要搭配热菜和酱汁，还有就是用新鲜蔬菜做的沙拉。味浓油腻的主菜搭配清爽可口的沙拉，使整顿饭保持平衡的口感和营养。

　　这几年，大棚蔬菜越来越流行，一年四季都能买到各种蔬菜，几乎让人弄不清它们到底属于哪个季节。如果能根据蔬菜的时令，只用当季的新鲜蔬菜做沙拉，那么我们就能感知一年四季的变化，做出符合每个季节相应气息的美味沙拉。新鲜的应季蔬菜味道最正宗，营养价值较高，价格也合适。**就算使用同一种调味汁，如果能根据季节变化用不同的应季蔬菜做沙拉，也能变化出各种各样的拿手菜。**

沙拉的制作诀窍

做沙拉时，不只是将蔬菜一切一拌就大功告成了。想法稍做改变，做出来的沙拉就会更好吃。

除了新鲜蔬菜，添些煮菜、炒菜的话，沙拉会富于变化

一提到沙拉，大部分人可能立马会想到新鲜蔬菜，其实，煮的或炒的蔬菜都可以用来做沙拉。将它们与新鲜蔬菜混合在一起，沙拉的口感、风味都会发生变化，同时量也会变大。请多尝试一些不同的搭配吧！

比起使用夹子、筷子，用手直接拌的沙拉更入味

以前在蓝带烹饪艺术学校学习时，授课老师曾经说过："双手是最好的工具，敏感柔软，不破坏食材就能充分拌匀。"拌沙拉时，比起使用夹子、筷子等，用手直接拌更能使食材充分入味。

基本调味汁

调味汁按需制作，配方简单，
既不浪费，也可自由搭配，
保证吃不腻。

材料（3～4人份）

黑醋·······························1大勺
蜂蜜·······························半小勺
盐、胡椒粉··················各少许
橄榄油·····························3大勺

制作方法

1 将黑醋、蜂蜜、盐、胡椒粉倒入
  碗中，用搅拌器搅拌均匀。

2 待黑醋和蜂蜜充分混合、盐粒化
  开后，尝一下味道。较淡的话，
  可以加些盐调味（加入橄榄油后味
  道会变淡，咸一点较好）。

3 加入橄榄油，继续搅拌至乳化状态。

利用保鲜瓶混合调味汁也
是好办法

做调味汁时，除了在碗里搅
拌，也可以找一个干净的玻
璃瓶，将所有的材料放进去
后，只需摇匀即可，省去了
搅拌的麻烦。多做一些，每
次取用需要的量，剩余的可
以继续保存在瓶内。

春之沙拉

春天的蔬菜柔嫩鲜美，只需简单调制，
尽量保持其各自独特的口感。

材料（2人份）

芝麻菜·························· 80克
豌豆荚·························· 8根
香菇······················· 5～6个
大葱···························· 1根
白洋葱······················· 1/4个
鸡蛋···························· 2个

黄油、酱油·················· 各少许
色拉油······················ 适量
基本调味汁
（参照第25页）·············· 适量

制作方法

1 摘掉芝麻菜茎部较硬的部分，清洗干净后滤掉水分，掐成适合食用的长段。

2 豌豆荚去筋，用盐水煮熟，捞出，放入冷水中冷却后，控干水分。

3 香菇去掉根部，切成薄片。平底锅里放入黄油待融化后，将香菇片炒至变软，加入酱油来回翻动使其沾拌均匀。

4 大葱切成2～3厘米的小段，平底锅倒色拉油加热，放入葱段并煎至上色。感觉较硬的话，盖上锅盖，利用蒸汽将葱段煎透。

5 将白洋葱切成薄片。

6 将鸡蛋放入锅中，加水至没过鸡蛋，开火加热。待水沸腾后继续煮4分钟，然后关火，焖8分钟左右。捞出后放入冷水中，将冷却后的鸡蛋去壳，对半切开。

7 将步骤❶～❺中的食材混合，加入基本调味汁搅拌均匀。然后，将食材装盘并点缀上对半切开的鸡蛋。

夏之沙拉

玉米、番茄等色泽鲜艳的食材和猪肉相搭，清爽愉目，
打造夏季风冷涮猪肉。

材料（2人份）

薄猪肉片（涮涮锅用）
···················· 50～60克
玉米························· 半根
毛豆······················ 100克
秋葵··················· 5～6根
番茄························· 1个

香菜··················· 1～2棵
小葱··················· 4～5根
小番茄干
（参照第61页）··········· 20颗
盐························· 适量
基本调味汁
（参照第25页）··········· 适量

制作方法

1 将玉米煮熟，冷却后剥下玉米粒备用。

2 将毛豆放入盐水中煮熟，用笊篱捞出，待冷却后剥出豆粒。

3 秋葵用盐水煮熟后，放入凉水中冷却，然后控干水分，切成小块。

4 番茄先切成瓣，再切成1～2厘米宽的块状。

5 香菜洗干净并控干水分，叶子单独摘掉，将茎切成1厘米长的小段。根部同样清洗干净，用刀背捣碎。

6 小锅中加水，放入香菜根，开火加热，水开后加入薄猪肉片。为了避免猪肉过老，待熟后立即用笊篱捞出，撒上少许盐。

7 小葱切成圆口碎。

8 将步骤 **❶** ～ **❼** 中的食材和小番茄干混合后，浇上足量的基本调味汁调和均匀即可。

秋之沙拉

煮熟的土豆不要捣太碎，保留些碎块，可享受丰富口感，
搭配三文鱼一起吃，饱腹感十足。

材料（2人份）

三文鱼·····················1～2块
土豆·······················2～3个
四季豆·····················4～5根
洋葱·······················半个
小葱·······················4～5根
萝卜苗·····················适量

醋·························1大勺
色拉油·····················适量
盐、胡椒粉·················各适量
基本调味汁
（参照第25页）·············适量

制作方法

1 三文鱼用烤架烤熟或平底锅煎熟，待冷却后，剥掉鱼皮。剔净鱼刺后，将鱼肉分成较大的块儿，撒上盐。鱼皮切成1厘米宽的小条，发软的话，煎至酥脆。

2 土豆去皮后切成4等份，用盐水煮熟。待竹签能够轻松穿透时，用笊篱捞出。冷却后，切成1厘米左右的块状，放入盐、胡椒粉、醋调味。

3 四季豆去筋，用盐水煮熟。捞出用凉水浸泡后，控干水分，切成3～4等份的长段。

4 将洋葱切成4～5等份的小瓣，放入平底锅用油煎烤，待一面上色后翻个儿，盖上锅盖焖煮至熟透，然后撒上盐、胡椒粉。

5 小葱切成圆口碎，萝卜苗去根。

6 将步骤❶～❹中的食材混合在一起，加入基本调味汁搅拌均匀。盛入盘中后，点缀上小葱碎和萝卜苗。

MEMO（小贴士）

用平底锅煎鱼时，建议铺上平底锅专用铝箔纸，不用色拉油也可以煎出色泽漂亮的鱼，还能防止平底锅染上鱼腥味。

冬之沙拉

一起品尝将芜菁、胡萝卜、莲藕切块后的"活力美味"吧，
鲜红色的虾更为沙拉平添几分亮色。

材料（2人份）

虾·······················6只
水菜·····················80克
芜菁·····················1个
胡萝卜···················半根
莲藕·····················半节
紫洋葱···················1/4个

松子仁···················15克
酒······················1大勺
盐、胡椒粉、橄榄油······各适量
基本调味汁
（参照第25页）···········适量

制作方法

1 虾去壳，挑掉虾线，加酒并用手揉搓均匀。平底锅加热，放入虾，撒少许盐，煎至变色。

2 水菜清洗干净，控掉水分，切成2～3厘米长的小段。

3 将芜菁的茎留下少许，去掉叶子，将茎部残留的泥土清洗干净。去皮，切成8～16等份的小瓣，用盐水煮熟（芜菁很容易煮烂，趁略硬时出锅较好）。

4 将胡萝卜、莲藕切成适合食用的大小。

5 将胡萝卜放入锅中，添水没过胡萝卜，开火加热待水沸腾后继续煮1分钟左右，然后用笊篱捞出。

6 将胡萝卜、莲藕放入耐热容器中，撒上盐、胡椒粉，倒入少许橄榄油搅拌均匀。加入松子仁，用烤箱180度烘烤20分钟左右，直至整体上色。

7 紫洋葱切成5毫米见方的碎块儿。

8 将步骤❶～❼中的食材混合后，加入基本调味汁搅拌均匀。

MEMO

胡萝卜、莲藕也可以用平底锅煎炒，待上色后盖上锅盖焖煮至熟透。松子仁也可以用平底锅炒熟。

灵活利用沙拉，让晚餐准备变轻松

　　直到五年前，家里的晚餐一直都保持着再普通不过的日式风格——米饭、味噌汤，再配上两三道菜。虽然这种晚餐并不让人讨厌，但是我希望找到一种更加轻松的做饭方式，同时能吃到很多蔬菜。当我思考怎样才能将晚餐准备变得更轻松一些时，脑海中浮现出德国式晚餐，也就是Kaltes Essen（冷餐）。白天认真吃饭的德国人到了晚上就吃得非常简单，通常是裸麦面包配火腿、奶酪或熏鱼，再加上一丁点沙拉、泡菜等。因为，他们认为晚上的活动只有睡觉而已，无须吃得太饱。

　　"没错，就是这个！"于是，我开始尝试裸麦面包配火腿和奶酪，再加上用生菜、番茄和西蓝花做成的沙拉。但是，在德国极为常见的火腿和奶酪，在日本却不易买到。那么怎么把德式冷餐改良一下，使之更符合日本人的生活呢？我想到的解决办法是把晚餐的重点转移到沙拉上。我一次又一次地试验，尝试往沙拉里放入各种各样的蔬菜，渐渐地，便形成了现在的简单晚餐：以沙拉为主菜的德式冷餐。

　　然而，随着频繁地制作沙拉，我渐渐地陷入一种不知道今天该做哪种搭配的焦虑之中。为了减少不必要的焦虑，让沙拉的搭配变得简单轻松，我慢慢总结出了自己的法则：①**沙拉调味汁是用妈妈教的方法亲手制作的。**制作沙拉时，调味汁并不是"终极目的"，而是通过它来烘托蔬菜的味道，所以调味汁的味道尽量不要太复杂。②**使用应季蔬菜。**③**新鲜蔬菜、煮的蔬菜、炒的蔬菜三者自由组合，还有，不要忘了加入富含蛋白质的食物。**通过将使用多种方法料理过的蔬菜组合起来，沙拉的口感和风味会产生多种变化。而且，蔬菜不同的温度也给沙拉的味道增添了丰富的层次。

　　提起沙拉的话，大部分日本人也许首先想到的就是生的蔬菜。或许，"沙拉"最初指的就是将几种生蔬菜用调味汁拌匀的食物。但是，我们不妨换一种更加灵活的思路。其实，不论经过怎样料理的蔬菜都能做成沙拉。煮的蔬菜可以用，平底锅炒的蔬菜也没问题，使用烤箱烤的蔬菜也可以，用微波炉加热的蔬菜也OK，用烤架烤的蔬菜当然也适合。不管是自己制作的还是市面上买来的腌渍蔬菜，添到沙拉里面的话，出乎意料地提味。罐装白芦笋、罐装玉米粒，或者做菜时剩余的蔬菜等都能拿来尝试。总之，请大家在食品储藏间或冰箱里努力搜寻一番，各种蔬菜食材几乎都能用上。

　　即使是同一种蔬菜，也可以尝试各种不同的预处理方法。比如，南瓜既可整块水煮也可以做成南瓜泥，还可以切成薄片后用平底锅煎熟。经过不同预处理的蔬菜即使加入同一份沙拉中也能产生不同的口味变化。我特别喜欢将炒熟的香菇放入沙拉里，香菇或用黄油煎，或用橄榄油炒，味道完全不一样；或者提前用盐腌渍，或用酱油调味等，也会调制出新的风味；再者选择蒸，或选择用烤架烤，都会散发出诱人的香气……总之，不要太在意搭配不搭配，重要的是将喜欢的蔬菜组合在一起，享用自己亲手做的创意沙拉。

富含蛋白质的食材是德式冷餐必不可少的

为了保证晚餐的营养均衡，记得一定要加入肉、鱼、蛋类等富含蛋白质的食材。我会根据当天的身体情况和心情做些简单的，或稍微花些心思做点儿比较讲究的菜品。想要好好吃一顿时，不妨搭配放有香草的烤鸡肉。最近，我还尝试用日式口味的食材一起搭配，没想到也很合适，像烤秋刀鱼、姜烧猪肉等。只要不拘泥于西式、日式等概念，不断尝试组合搭配，就会"邂逅"意想不到的美味。

烤鸡肉

大胆尝试放入整颗小洋葱，
烤鸡肉酸甜适中，味蕾大满足。

材料（3～4人份）

鸡翅根	8个	蒜盐（参照第87页）	适量
小洋葱	8～10个	橄榄油	1大勺
土豆（五月皇后①）	2～3个	盐	少许
迷迭香	2～3棵		

调味汁

┌ 柠檬汁 ·······1大勺
│ 蜂蜜 ·······少许
└ 橄榄油 ·······3大勺

①译者注：五月皇后，土豆种类之一，
长椭圆形，表面光滑，煮后不会轻
易烂掉，多产自北海道。

制作方法

1 制作调味汁。将柠檬汁、蜂蜜倒入碗中，用搅拌器搅拌均匀。待充分融合后，加入橄榄油，继续搅拌至乳化。

2 将鸡翅根放入空碗中，加入步骤❶中的调味汁搅拌均匀，静置30分钟左右使其入味。

3 小洋葱去皮（很难剥的话，可以先用热水烫一下）。

4 土豆去皮，切成小洋葱大小的土豆块。将迷迭香的叶子摘下来切碎待用。

5 将小洋葱、土豆块放入锅中，加水没过食材，开火，待水沸腾后再继续煮1分钟左右，用笊篱捞出，控除水分。

6 将小洋葱、土豆块、迷迭香叶放入步骤❷中的碗中，撒上蒜盐，淋上橄榄油，整体拌匀。

7 将鸡肉、小洋葱、土豆块摆放进耐热器皿，尽量不要重合，放入180度的烤箱烤20～30分钟，直至上色（勤翻动食材，保证上色均匀）。

MEMO

耐热器皿底部沉积的汤汁是鸡肉的美味精华所在，吃的时候，可以当作酱汁浇在食材上。你也可以按照个人喜好放上柠檬片调味。

腌炒蘑菇

腌炒蘑菇芳香四溢，既可直接食用，
也可作为配菜使用。

材料（适合操作的量）

舞茸、香菇、姬菇、
金针菇······················ 各一盒①
调味汁

  白葡萄醋 ·················· 1大勺
  盐、胡椒粉 ··············· 各适量
  橄榄油 ······················ 3大勺
橄榄油····················· 1小勺
盐、胡椒粉···················· 各少许

制作方法

1　制作调味汁。将白葡萄醋、盐、
胡椒粉放入碗中，用搅拌器搅拌

均匀，待整体融合且盐粒化开后，
加入橄榄油，继续搅拌至乳化。

2　将舞茸撕成较大块儿，香菇去掉
根部后切成1厘米厚的片状，姬
菇、金针菇去掉根部后，掰成适
合食用的大小。

3　在平底锅内倒入橄榄油，油热后，
将所有蘑菇放进去翻炒，直至上色
变软，然后撒上盐、胡椒粉调味。

4　将炒好的蘑菇盛到盘子里，淋上
调味汁拌匀，冷却后即可享用。

①译者注：日本超市蔬菜大多成盒销
售，通常分量较小，多在100～200
克。料理时请酌情调整用量。

和风生鱼片

和风生鱼片中毫不吝啬地使用"药味"蔬菜，吃起来清爽畅快，
山葵的独特风味将和式味道展现得淋漓尽致。

材料（3~4人份）

鲷鱼（刺身用）	150克
青紫苏叶	5~6枚
茗荷	2个
小葱	4~5根

调味汁
- 柠檬汁 ············ 1大勺
- 酱油 ············ 1小勺
- 蜂蜜 ············ 少许
- 盐、胡椒粉 ············ 各适量
- 绿芥末 ············ 适量
- 橄榄油 ············ 3大勺

制作方法

1 制作调味汁。将柠檬汁、酱油、蜂蜜、盐、胡椒粉、山葵放入碗中，用搅拌器搅拌均匀。待各种调料充分混合、盐粒溶解后，加入橄榄油，继续搅拌至乳化。

2 将鲷鱼斜切成薄片。

3 青紫苏叶洗干净后沥干水分，切丝。茗荷先竖着切成两半后再切成薄片。小葱切成圆口碎。

4 将鲷鱼片摆入盘中，撒上青紫苏、茗荷、小葱，最后均匀淋上调味汁。

所有料理都可以用调味汁调味

在经常做德国式料理的娘家，每天的餐桌上几乎少不了妈妈做的沙拉。我很喜欢待在一旁观看妈妈制作调味汁的样子。妈妈首先会准备一个做沙拉用的大瓷碗，凭经验加入调味料，用叉子嚓嚓嚓地搅拌。在倒入橄榄油之前，妈妈会用手指蘸一下调味汁，尝尝是不是够咸，再调整一下味道，往往不到一分钟，调味汁就做好了。

"往调味汁里放橄榄油的话，咸度就不好把握了，所以要先尝一下味道。加了橄榄油的调味汁味道会变淡，所以加油前要调得微咸一点。"妈妈常这样告诉我。现在回想起来才猛然发现，妈妈在不知不觉间便将制作调味汁的诀窍全都教给我了。接着，妈妈就将提前料理好的蔬菜一下子倒进装有调味汁的大瓷碗里，放在厨房的一角，直到开饭时再端上桌。待热腾腾的主菜摆上餐桌后，妈妈才把沙拉拌匀，然后摆在餐桌的中间，晚餐的准备工作便完成了。

妈妈教我做的沙拉调味汁，对生长于西欧家庭中的人来说，肯定是再熟悉不过的，大多数人都能做得出来。**调味汁的油醋比例是**

3：1（具体用量需要根据蔬菜的量而定，但大致就是3大勺油兑1大勺醋），调味主要用盐和胡椒粉，再加一点甜味调料。妈妈用的油和醋分别是橄榄油和白葡萄醋，但大家不必拘泥于这两种。家庭料理的魅力就在于利用家中现有的食材进行制作。如果为了做出书上的料理，便将各种调味料一一买回家，那么估计你家厨房的橱柜或收纳架转眼就会被填满……

调味料是料理的基本元素，是食材中最应该讲究的东西，请在家中常备用起来顺手、味道好、可以放心食用的调味料。用自己常用的调味料来做调味汁，做出来的味道才最符合个人口味。

我喜欢用橄榄油，有时在鹿儿岛也会用国产的菜籽油。鹿儿岛的黑醋（福山醋）也是我常用的。有些人可能不大习惯黑醋那种独特的气味，可以用香辛料调成自己喜欢的风味；如果觉得酸味过于强劲，可以加一点甜味佐料，调成自己喜欢的口味。在沙拉的食材、调味料上用心一些的话，不管西式、日式，还是中式的调味汁都能够调配出来，只需注意保持口味的整体协调即可。

食用油有色拉油、葡萄籽油，中华料理则用芝麻油（全都用芝麻油的话，油的味道会比较重，建议加些色拉油），出于健康的考虑，也可以选择亚麻籽油。亚麻籽油香气浓郁，拌出来的沙拉就像加了坚果一样，十分美味。其实，也可以用生奶油替代食用油来拌沙拉。如果家里有剩下的生奶油，不妨和柠檬汁按照3∶1的比例搅拌一下，这样做出来的调味汁绝对好吃。

调制酸味的话，可以用雪利醋、香槟醋，也可以用柠檬汁、酸橙汁，当然，芳香醋也没问题。

咸味的调味料，就是盐和胡椒粉。替代品有酱油、盐渍凤尾鱼、味噌、鱼露等。不怕辣的话，你可以试试柚子胡椒粉。胡椒粉兼具辣味与香味，请根据喜好自由搭配。日式沙拉的话，放一些辣椒类的调味料、芥末、山葵，味道也不错。如果想在沙拉中添些香味，首选香草，放些切碎的柑橘皮也OK。

最后一项甜味调料，其在日式料理中尤为重要。西式料理中用油相对较多，因此调味汁酸点较好，但是日式料理的甜味多点更可口。调制甜味时可以用砂糖、果酱，我最常用的是蜂蜜。此外，枫糖浆、黑糖、芳香醋和加在沙拉中的水果也可以增加甜味。在前面介绍的搭配的基础上，你可以自由添加调味料。**只要我们了解某种调味料在沙拉中到底起着什么作用，就能找到相应的替代品。**

调味汁不仅能用来拌蔬菜沙拉，也可以用到其他料理中。调味汁味道均衡，可以给各种食材调味，或直接用作酱汁。将调味汁浇在蒸煮的蔬菜、炒的蔬菜上，拌匀，就成了我喝葡萄酒时的小菜。如果给鱼虾等海鲜淋上些许调味汁，生鱼片沙拉便可轻松"登场"。将肉先用调味汁腌泡片刻再煎烤的话，味道会更好一些。如果用在肉类料理上，可以在调味汁里加些香草、大蒜等香辛料，轻松除掉肉腥味。总之，如果功夫下到家的话，自己的拿手菜就会越来越多。

多仁亚式调味汁所用的基本调味料

胡椒　　橄榄油　　　盐　　　蜂蜜　　黑醋

家里常备的是胡椒粒，使用时现磨成胡椒粉。研磨瓶的磨碎程度分为好几种，可以根据所做料理灵活选用。

我每年都会从意大利订购一次橄榄油。这款橄榄油的经营者是我去意大利旅行时认识的，对方属于家族经营。

这款"乐盐"取自海水（佐多岬），经过长时间精心熬煮而成，全手工制作，富含海盐本身的风味，矿物质元素丰富，能够增加料理的风味。

需要增加甜味时，我主要用大隅半岛产的纯蜂蜜，也可以用果酱、枫糖浆等代替。

鹿儿岛出产的黑醋具有独特的魅力。它以米、酒麹、优质地下水为原料，并经一年的时间充分发酵熟化而制成。我在做大多数料理时都会使用黑醋。

调味汁 "变奏曲"

用果酱代替蜂蜜
放有柑橘酱的调味汁
材料（适合操作的分量）

白葡萄醋	1大勺	盐、胡椒粉	各少许
柑橘酱	半小勺	葡萄籽油（或橄榄油）	3大勺

制作方法

1 将白葡萄醋、柑橘酱、盐、胡椒粉放入碗中，用搅拌器搅拌均匀。

2 待白葡萄醋、柑橘酱充分融合且盐化开后，尝一下味道。如果味道还差一点的话，可以再加些盐调味。

3 倒入葡萄籽油（或橄榄油），继续拌匀即可。

醇厚的甘甜与酸爽最具魅力
生奶油调味汁
材料（适合操作的分量）

柠檬汁	1大勺	盐、胡椒粉	各少许
蜂蜜	少许	生奶油	3大勺

制作方法

1 将柠檬汁、蜂蜜、盐、胡椒粉放入碗中，用搅拌器充分搅拌。

2 待柠檬汁、蜂蜜充分融合且盐化开后，尝一下味道。如果觉得味道不够，可以再放些盐调味。

3 加入生奶油，继续拌匀即可。

有着浓香芝麻风味的日式调味汁
芝麻调味汁
材料（适合操作的分量）

芝麻酱	1大勺	蜂蜜	半小勺
醋	1大勺	酱油	不满1小勺
		米油（或色拉油）	2大勺

制作方法

1 将芝麻酱、醋、蜂蜜、酱油放入碗中，用搅拌器充分搅拌。

2 待芝麻酱、醋、蜂蜜、酱油充分融合后，尝一下味道。如果觉得味道不够，可以加入少许酱油调味。

3 倒入米油（或色拉油），继续拌匀即可。

专栏
熟记调味料的配比，料理就能变简单！

很长一段时间内，我都觉得日式料理很难做。但是，当看到婆婆制作料理的情景时，我的想法发生了改变。

婆婆放调味料的时候不需要计量，全凭手感和目测。在一直观察婆婆调味的过程中，我发现她用的酱油和砂糖的分量大致均等。我这才意识到，日式料理的调味汁，酱油与砂糖等甜味调料基本上按1：1的比例来调兑。知道了这个标准后，我对日式料理不再畏惧，反而想更多地尝试一番。

日式料理的调味汁，酱油和甜味调料通常按照1：1的比例来调兑

日式料理调味汁的基本法则是酱油和甜味调料的比例为1：1。甜味调料一般用砂糖或味醂（日式甜味酒）。当然，每个家庭对甜度都有各自的喜好，使用的酱油种类也多种多样，应按照实际情况作出调整。但记住大致均等这个标准的话，做调味汁就会比较轻松。炖蔬菜、煮鱼，或做金平牛蒡（一种用砂糖、酱油炒煮的料理）、姜烧料理、照烧料理等食物时，都可适用。

同样，西式料理也有相应的标准。如前所介绍的调味汁，通常按照油醋3∶1的比例调配，再加入盐、胡椒粉和少量的甜味调料。

顺便介绍一下，法式咸派的蛋液比例是1个鸡蛋配1小量杯水；派皮一般按照200克面粉配100克黄油，再加1个鸡蛋。这个量适合制作直径24厘米左右的法式咸派。记住这些配比的话，就可以轻松调配出与自家的模具相匹配的量。比如，如果家里的模具直径是16厘米，与直径24厘米的模具相比，前者差不多是后者的一半大小，因此面粉、黄油、鸡蛋等的量都分别减半即可。

蛋液通常是1个鸡蛋兑1小量杯水
在制作法式咸派、茶碗蒸之类需要将鸡蛋用奶油、出汁①等配兑加热后凝固的料理时，通常按照1个鸡蛋兑150～180毫升水（1小量杯）的配比。水分过多的话，蛋液就很难凝固。

---

①译者注：日本料理多离不开用昆布、鲣鱼节或沙丁鱼干等煮出的汤汁，即出汁，鲜美的出汁能给食材很好地提味。

番茄沙司料理

　　番茄沙司是意大利人家庭料理中必备的调味品，不只是做意大利面，做肉类、鱼类、炖菜等料理时也都能使用，称得上是万能沙司。番茄沙司多做一些保存起来的话，就能和家里现有的各种食材组合搭配，我们三两下就能做出一道菜来。番茄沙司随处可以买到，不过，我建议你尝试着自己动手做一次。自己做的番茄沙司别有一番风味，口感也特别好。

　　如果家里恰好有新鲜的番茄，请一定要用它试一下。不过，用番茄罐头照样可以做出美味的沙司。那么，做料理时，究竟是该用整个儿的小番茄罐头，还是用切块的圆番茄罐头呢？我个人比较倾向使用接近自然状态的食材，所以常用整个儿的小番茄罐头。当然，用切块的圆番茄罐头来做也完全没问题。相对来说，更为重要的是，选用的番茄罐头尽量不添加盐、香草之类多余的调味料和防腐剂等。虽说盐的确是不可缺少的调味料，但如果选用番茄罐头做番茄沙司，就不知道它在加工时到底放了多少盐，所以需要自己凭感觉调整盐量，这样才会更符合个人口味，吃起来也比较放心。

番茄沙司的制作方法

番茄沙司用途广泛，比如料理出锅时淋上些许，
或拌上食材煎炒等。每次多做一些放起来，
使用时就会非常便利。

材料（适合操作的分量）

番茄罐头
（整个儿或切块均可）………1罐
大蒜……………………………1瓣
月桂叶…………………………1枚

A
┌ 橄榄油…………………………3大勺
│ 砂糖……………………………一小撮
└ 盐、胡椒粉……………………各少许

制作方法

1 大蒜去芯，用刀背拍碎。

2 将番茄、大蒜、月桂叶、A放入
锅中，盖上锅盖，开火加热。

3 沸腾后转小火，将锅盖留些缝隙
以便水分蒸发，咕嘟咕嘟煮40分
钟左右，直至收汁。为防止锅底
烧煳，记得用铲子时不时搅拌。

4 待水分全部熬干、锅内的分量减
到一半时，关火，将大蒜、月桂
叶取出。

※ 如果想让做出来的番茄沙司口
感更细腻，可以事先用手动搅拌
器或土豆压泥器将番茄块压成番
茄泥。

MEMO

番茄沙司尽量多做一些，放
入保鲜袋冷冻起来，制作意
大利面、肉、鱼等料理时随
时可以取用，比较方便。

茄汁墨鱼

墨鱼和番茄的食性尤为相宜，小墨鱼柔软易煮，
几乎不用怎么费事就能做得柔软鲜美。

材料（2人份）

小墨鱼 ···················· 5～6只
番茄沙司（参照第52页）···1/3的量
萝卜苗···················· 适量
盐、胡椒粉 ···················· 适量

MEMO
番茄沙司适用于多种食材，另外，
放些橄榄油或千金子进去的话，风
味会更添一分。

制作方法

1　番茄沙司倒入锅中加热。

2　放入小墨鱼，用盐、胡椒粉调味。

3　待小墨鱼煮透后盛入盘中，点缀
　上切掉根部的萝卜苗。

番茄沙司肉饼

加入油豆腐的肉饼，看起来有分量，吃起来也健康，
口感蓬松暄软，好吃得简直让人停不下来。

材料（4～6人份）

混合碎肉① ················· 300 克
油豆腐············· 1 张（300 克）
洋葱···················· 半个
大蒜···················· 1 瓣
A
┌ 鸡蛋 ·····················1 个
│ 芥末 ·················· 1 小勺
└ 盐、胡椒粉、肉豆蔻 ··· 各少许

番茄沙司（参照第 52 页）
···················· 一半的量
番茄酱···················· 3 大勺
水芹（根据口味随意添加）
···························· 适量

① 译者注：日本超市整盒出售的混合
碎肉多为混合的牛肉、猪肉。单用
猪肉也没问题。

制作方法

1 将油豆腐放进笊篱，边浇热水边翻
动以便去除油分，擦干水后切碎备
用（用料理机打碎也可以）。

2 将洋葱、蒜瓣切成碎末，用平底
锅炒至发软，盛出冷却。

3 将混合碎肉、油豆腐、洋葱、大
蒜、A 放入碗中，充分搅拌均匀。

4 将步骤❸中的食材放在烘烤盘上，
团成 10 厘米 × 18 厘米左右的块状
后，表面涂上一层番茄酱。

5 用预热 180 度的烤箱烘烤 20～25
分钟，烘烤结束后将肉饼静置 10
分钟左右②。如果有肉汁渗出，
要及时擦拭干净。

6 加热番茄沙司。

7 将静置后的肉饼切成 2 厘米厚的
薄片，盛入盘子，浇上番茄沙司，
也可根据个人口味点缀上水芹。

② 译者注：这一步骤叫作 "rest"，
目的是让加热后的肉 "充分休息"，
使肉汁牢牢锁在里面，吃起来更软
嫩多汁。

MEMO

我受豆腐牛肉饼的启发，特
地用了油豆腐。用豆腐的话
需要先去掉水分，比较麻烦，
油豆腐相对省事一些，可以
直接拿来用。油豆腐的量和
碎肉大致保持相同。

马苏里拉奶酪斜管面

茄子和番茄沙司搭配相宜，配上奶酪和培根，
意面口感更显丰富。

材料（4人份）

斜管面····················· 240克
番茄沙司（参照第52页）
···················· 全部的量
培根（块）···············100克
茄子·······················2根

马苏里拉奶酪·················· 1块
罗勒叶·················· 4～6枚
帕尔玛奶酪（碎末状）····· 适量
橄榄油··················1～2大勺

制作方法

1 将培根切成1厘米宽的细长条。茄子切成1厘米厚的圆片，浸在盐水中去除涩味。马苏里拉奶酪控掉水分后切成2厘米见方的小块。

2 将番茄沙司放入较大的锅中加热。

3 将培根放入平底锅中，先小火慢煎，待出油后转大火煎至上色，放进装有番茄沙司的锅里。

4 往步骤❸中腾出的平底锅里添少许橄榄油，放入控干水分的茄子，将茄子两面煎至上色后，撒上适量的盐、胡椒粉，倒入装有番茄沙司的锅中。

5 斜管面按照包装袋使用说明上要求的时间煮熟后，沥净水分。

6 将斜管面、马苏里拉奶酪、帕尔玛奶酪放入装有番茄沙司、培根、茄子的锅中，搅拌均匀，盛入盘中，点缀上罗勒叶。

蔬菜统一提前准备，麻烦减掉一半

很多人认为蔬菜的预处理是一项大工程。其实，如果将较多的蔬菜统一提前处理的话，就会省掉一半的麻烦。番茄沙司也是一样，集中做好一锅备用，方便省事。在意大利，一到夏天番茄收获的季节，全家人一起出动摘番茄，做上足够一年吃的沙司，装进瓶里保存。因此，即便到了果蔬匮乏的寒冷冬季，意大利人也能够毫不吝啬地大勺大勺地使用番茄沙司来制作美味的料理。

常备菜要是做得过多，饭菜长时间总是一成不变的味道，家人难免会吃腻。所以，**预处理蔬菜时不要调味，只做基本处理，比如切、煮、蒸等，确保蔬菜能够随时取出来立马使用。这样一来，哪怕是同一种蔬菜，也能够自由调味搭配，非常方便。**

不过，这里提醒大家需要注意的是，蔬菜不调味就无法保存太久。加热过的蔬菜很容易坏，尽早吃完较好。煮的菠菜、嫩豌豆荚、西蓝花等绿色蔬菜等彻底凉透再冷藏起来，保存上几天是没有问题的，但务必记得要放在冰箱里。土豆在原始状态下可以长期保存，一煮过后很快就会变质，所以水煮土豆尽量在几天内食用完。

相反，有的蔬菜生着时很容易变得不新鲜，如竹笋、玉米等。刚刚采摘的玉米最好吃，我会趁机把玉米全都煮熟，用刀将玉米粒剥下来，放入可封口的保鲜袋后冷藏或冷冻，做沙拉、熬汤、炒菜时可以随取随用。

在这里，我想给大家介绍三种夏天必做的常备菜。首先是炒西葫芦。我通常会一口气买上四五根西葫芦，然后全部用橄榄油炒一下，再腌制起来。西葫芦本身有点苦味，可以事先在盐水中浸泡片刻，待挤干水分后再下锅炒。这道菜要想做得好吃，关键是要花足够的时间，待西葫芦炒到不怎么好看但整体发软时味道才最可口。蒜末先放进去的话，容易炒焦变黑，建议最后放。这样炒出来的西葫芦可以直接吃，也可以加一点柠檬汁调味，或放几片生火腿，或拌上奶酪碎，同样很美味。

第二道常备菜就是烤彩椒。住在鹿儿岛的公公第一次吃这道菜时，就赞不绝口："味道不错不错！"肉质厚实的彩椒生吃汁多脆甜，烤着吃的话口感更柔软，并带丝丝甜味。像烤茄子那样，将彩椒两面煎至发黑，待中间也熟透后，剥掉表皮，用橄榄油简单腌制即可。如果再加一点酱油的话，它就成了米饭的"黄金搭档"。

最后一道菜是自制小番茄干。就连不喜欢吃小番茄干的人，尝到我做的番茄干后，也会被它的美味"惊艳"到。市面上出售的小番茄干为了便于长期保存往往做得干巴巴的，但是自制的小番茄干一般一两周就能吃完，所以保留些水分较好，而不用完全干燥。如此一来，我们就能将番茄的鲜美汁液紧紧凝缩在果实里，吃起来齿颊生香。将烤箱调成低温，放入小番茄长时间烘烤，待表面开始变得皱皱巴巴时，番茄干就可以出炉了。番茄的含水量各有差异，所以烘烤时间也各不相同，需要时不时察看一下，动动位置或上下翻翻。烤好的小番茄干直接丢进嘴里就很好吃，也可以搭配法式长棍面包做成开胃小菜，或在意大利面里放几粒，或搭配三明治食用，十分美味。

集中料理的常备菜

制作沙拉、意大利面、软煎蛋卷等时都可以使用。

烤彩椒

材料（适合操作的分量）

彩椒	4个	橄榄油	2大勺
大蒜	1～2瓣	盐、胡椒粉	各少许

制作方法

1　将彩椒洗净，擦干水，摆放在烤盘上。

2　放入预热180度的烤箱烤30分钟左右，不时翻动，烤至表面整体发黑。

3　烤好后取出，待冷却后，去掉蒂、种子，剥掉表皮，竖着切成1厘米宽的长条。

4　将彩椒条、切成片的蒜瓣放入碗中，撒上盐、胡椒粉，淋上橄榄油，搅拌均匀即可。

腌制蔬菜比煮的蔬菜更易长久保存。

炒西葫芦

材料（适合操作的分量）

西葫芦	8根	橄榄油	2～3大勺
大蒜	1～2瓣	盐、胡椒粉	各适量

制作方法

1　将西葫芦切成1厘米厚的圆片，放入盐水中浸泡片刻。

2　平底锅倒入橄榄油加热，将挤干水分的西葫芦放入锅内翻炒。

3　待西葫芦炒至发软后，加入切碎的蒜瓣，炒到蒜末爆香后，撒上盐、胡椒粉即可。

砂糖才是调味的关键。

烤小番茄干

材料（适合操作的分量）

小番茄	2～3盒①	砂糖	2小勺
百里香	2～4根	橄榄油	2～3大勺
蒜瓣	1～2个	盐、胡椒粉	各少许

制作方法

1　将小番茄的蒂去掉后，横着切成两半，摆入耐热容器，尽量不要重合。

2　将百里香叶子摘下来，蒜瓣切成碎末。

3　将百里香、蒜末撒在小番茄上，放入盐、胡椒粉、砂糖，淋上橄榄油。

4　放入预热150度的烤箱烤1小时左右，待小番茄干燥发皱即可。

①译者注：日本超市内小番茄多成盒销售，每盒大约10粒。
具体制作时请酌情调整用量。

白汁酱料理

每当我说"白汁酱的做法很简单"时，就会有人会说"可我做时总是会起疙瘩，怎么也做不好"。然而，我们做的又不是餐厅里的精致料理，作为家庭料理的话，就算白汁酱里有一点小疙瘩也不要紧。而且，只要多做几次，慢慢地就能做出没有疙瘩的白汁酱了。所以请大家不要对白汁酱怀有畏惧心理，大胆尝试一下吧！

将做好的白汁酱分成足够每次用的小份冷冻起来，使用时就比较方便。**在西欧的普通家庭里，如果有剩余的食材，常常会和白汁酱搭配做成奶汁烤菜，这是约定俗成的做法。**热腾腾的奶汁烤菜好吃到让人无法自拔，绝对是抵抗严寒季节的绝佳料理！

如果自己动手做白汁酱，那么你就可以自由地调节浓稠度——只需调整加水的量即可。较浓稠的白汁酱可以用来做奶油可乐饼，除了做奶汁烤菜外，还可以和高汤一起做成奶油炖菜。和市面上出售的酱料包相比，自制的酱料味道更胜一筹，用它绝对能做出美味的奶油炖菜！

基本白汁酱的制作方法

白汁酱可用来做奶油炖菜、奶汁烤菜等，
可谓"小酱料大用途"。
柔软顺滑的口感、
绵软醇厚的味道是自制白汁酱所特有的。

材料（适合操作的分量）

牛奶·······················500毫升
黄油、面粉 ··············· 各40克
盐、胡椒粉、肉豆蔻······ 各适量

MEMO

· 为了防止表面起膜，如果不
  马上使用的话，请将做好的
  白汁酱倒进碗中，并用保鲜
  膜盖上。
· 牛奶少的话做出来的白汁酱就
  会比较硬，牛奶多的话白汁酱
  则相应柔软，请根据要制作的
  不同料理灵活调整。另外，用
  豆乳代替牛奶，或将一半牛奶
  换成高汤的话，就能做出口感
  清爽的白汁酱。

1 将黄油放入锅中，加热至融化后，倒入面粉，小火继续加热2～3分钟，不停地搅拌，注意不要炒变色。

2 倒入100毫升牛奶，小火慢煮，边搅拌边观察，直到煮成黏稠状态。

3 再将剩余的牛奶按每100毫升逐次加入，重复和步骤 ❷ 同样的动作。

4 待所有牛奶全都加进去后，开大火，一直滚煮到粉末状消失为止。最后加入盐、胡椒粉、肉豆蔻调味。

奶油炖菜

这款奶油炖菜充分利用了煮蔬菜时的鲜美汤汁，
吃起来别有风味。

材料（4～6人份）

鸡脯肉·····················1～2块
胡萝卜·······················1根
芜菁·························1个
洋葱·························1个
姬菇·························1盒
月桂叶·······················1枚
高汤（按照高汤颗粒包装上的
说明用热水溶化）····· 500毫升

白汁酱
┌牛奶 ·················· 400毫升
└黄油、面粉 ············· 各40克
盐、胡椒粉、橄榄油······ 各适量
柠檬汁·······················适量
欧芹·························适量
法式长棍面包·················适量

制作方法

1　将胡萝卜切成适合食用的大小。将芜菁的茎留下少许，去掉叶子，将茎间残留的泥土清洗干净，整体去皮后，切成8～16等份的小块。

2　将高汤、月桂叶、胡萝卜放入锅中，开火加热至沸腾后转小火。加入芜菁，煮1～2分钟后与胡萝卜一起用笊篱捞出。高汤不要倒掉，放在一旁备用。

3　将鸡肉去皮，切成一口大小，撒上盐、胡椒粉调味。

4　将洋葱切成薄片，姬菇分成小朵。

5　将橄榄油倒入平底锅加热，放入洋葱，撒盐后盖上锅盖，待炒出水分后揭掉锅盖，翻炒至水分完全蒸发。

6　放入鸡肉，稍微煎炒（因为要做奶油炖菜，注意不要上色太深）。

7　添入姬菇，轻轻翻炒。

8　用另一个锅具制作白汁酱（做法请参照第64页）。将步骤❷中的高汤加进去，根据个人口味调整浓度。

9　将鸡肉、胡萝卜、芜菁、洋葱、姬菇添入步骤❽中的白汁酱里，煮10分钟左右，撒上盐、胡椒粉调味。最后根据个人口味淋上一些柠檬汁。

10　盛入盘中，点缀上切碎的欧芹，并搭配法式长棍面包。

抱子甘蓝凤尾鱼奶汁烤菜

抱子甘蓝被热腾腾的白汁酱完美包裹，口感松软热乎，
切碎的盐渍凤尾鱼更是惊艳味蕾。

材料（2～3人份）

抱子甘蓝 ···························8颗
洋葱 ·····························1/4个
盐渍凤尾鱼 ····················3～4条
帕尔玛奶酪 ·····················1大勺
色拉油 ···························适量
白汁酱
　牛奶 ·······················500毫升
　黄油、面粉 ·················各40克
　盐、胡椒粉、肉豆蔻 ·······各适量

MEMO

如果想使奶汁烤菜口味淡一点，
在制作白汁酱时，不妨把一半
分量的牛奶换成高汤。高汤可
以提前用来煮抱子甘蓝。

制作方法

1 将抱子甘蓝竖着切成两半，用水
（或高汤）煮至略硬。将洋葱、盐
渍凤尾鱼切碎待用。

2 往平底锅里倒入色拉油，加入洋
葱、盐渍凤尾鱼翻炒。待洋葱炒
至发软时，放入抱子甘蓝，快速
合炒。

3 制作白汁酱（做法请参照第64页）。

4 将白汁酱倒入平底锅中，与锅中
的食材整体拌匀。

5 将步骤❹中的食材盛入耐热器皿，
撒上擦碎的帕尔玛奶酪。烤箱180
度烘烤20分钟左右，烤至表面上
色即可。

白芦笋香草奶油可乐饼

白芦笋咔嚓清脆的口感、香草的芳香和奶油的醇厚尤为相搭，
能激发出无穷的美味。

材料（3～4人份）

土豆……………………… 2～3个
白芦笋…………………… 1罐①
洋葱……………………… 1/4个
A

迷迭香 …………… 满满1大勺
百里香 …………… 满满1大勺
欧芹 ……………… 满满1大勺
（以上香草均为碎末状）

白汁酱

牛奶 ………………… 200毫升
黄油、面粉 ………… 各20克
盐、胡椒粉、肉豆蔻 … 各适量
面粉、蛋液、面包糠、
煎炸用油…………………… 各适量

制作方法

1 制作白汁酱（做法请参照第64
　页），冷却备用。

2 土豆去皮，用盐水煮熟，待土豆
　发软后捣碎并冷却。

3 将白芦笋切成1厘米长的小段。
　洋葱切成碎末，用油煎炒，冷却
　备用。

4 将步骤 **2** 和 **3** 中的食材、A中的
　香草、白汁酱充分搅拌，待均匀
　混合后，等分为8～10份，并团
　成圆柱状。

5 依次裹上面粉、蛋液、面包糠，放
　入180度的油锅中煎炸，至表面泛
　金黄色捞出。

① 译者注：白芦笋比较稀缺，见光后鲜度
　就会下降，日本超市里出售的大都是加
　工过的罐装白芦笋。

比起一道道食谱，基本酱汁的做法更要牢记

　　如果想让料理变得更简单，比起记住一道道食谱，切实掌握住料理的基本元素，拿手菜的种类就会一下子增多。比如西式料理，如果能记住几种基本酱汁，那么不用看什么食谱，也能利用各种食材做出像模像样的料理。常见的基本酱汁有番茄沙司、白汁酱、布朗酱、肉汁酱等。罐装或瓶装白汁酱、番茄沙司，以及肉汁酱的原料都能在超市买到。其实，这几种酱汁要是在家里做的话，也是出乎意料得简单。接下来，我们就一起看看每种酱汁的特点和制作方法吧！

　　首先，番茄沙司是最容易制作的。因为做一次和做几次花费的功夫差不多，所以我通常都会多做一些，然后分成小份装进保鲜袋冷冻保存。自制番茄沙司的好处就是，可以根据个人或家人的口味来调整味道，比如是否放大蒜，想要做辣一点还是甜一点等，可酌情掌握。

　　白汁酱做起来也比想象中简单得多。实际上，白汁酱并非一定要加牛奶不可。德国人在做奶汁烤菜时，都会提前用高汤将蔬菜煮熟，然后用高汤代替牛奶使用。这样做出来的白汁酱要比全用牛奶做出来

的清爽可口，也能控制卡路里的摄入，对不喜欢牛奶的人也十分友好。当然，你也可以用豆乳代替牛奶。家里没有牛奶但恰好有生奶油的话，做白汁酱时，可以用高汤冲调后，再放入生奶油以增加浓稠感。总之，只要记住基本做法，就能根据自己的口味或冰箱里现有的食材变化出各种料理。

肉汁酱是以煎烤肉类时流出的肉汁为基础制成的。我的外祖母在准备晚餐时，经常会在煎烤完猪肉后，先将肉盛出来，再往淌着肉汁的平底锅里放入面粉并炒至茶色，再用煮蔬菜（配菜）的高汤稀释，做成肉汁酱。

布朗酱是一种比肉汁酱的肉汁更浓的酱汁。在平底锅中放入切好的肉块或零星碎肉翻炒，再放入洋葱、香料菜、番茄糊一起翻炒，以增加浓稠感，然后倒入面粉炒至茶色。剩下的就是根据个人口味选择放不放香辛料等调味品，最后加入红葡萄酒、肉汤，慢慢熬煮至黏稠状。西餐厅里大家最喜欢吃的炖牛肉、牛肉烩饭（香雅饭）、汉堡肉饼、蛋包饭等用的酱汁，就是以布朗酱为基础做成的。

另一种应该熟记的常用酱汁是肉酱。如果你掌握了它的做法，料理时用起来十分方便。在意大利，使用肉酱的食谱多种多样。我家的肉酱做法是20多年前我在意大利的博洛尼亚学到的，博洛尼亚正是这种肉酱的发源地，一般也称"博洛尼亚肉酱"。做肉酱时，最后加入的鸡肝，可以为酱汁增加浓稠感。肉酱既可以用来拌宽扁的意大利面，也是做千层面必不可少的元素，另外，搭配土豆泥做成烤菜也很好吃。

在鹿儿岛做酱汁时，由于很难买到番茄糊，为了提升口感，我常常用味噌来代替。做好酱汁的关键是，不管用什么食材，都要好好煎炒，再用充足的时间熬煮出香味。

肉酱的制作方法

加入鸡肝、生奶油、味噌的话，
就能做出味道极其醇厚的绝品酱汁。
肉酱中可以加入本身腥味不重的鸡肝。

材料（适合操作的分量）

混合碎肉 ····················400克
鸡肝 ·······················100克
（去腥用牛奶 ··········100毫升）
洋葱 ··························1个
胡萝卜 ························1根
芹菜 ··························1根
大蒜 ··························1瓣
番茄罐头 ······················2罐
月桂叶 ························1枚
生奶油 ·····················50毫升
黄油 ························1大勺
味噌 ························1大勺
盐、胡椒粉 ················各适量

制作方法

1 鸡肝去筋去血，放进牛奶中浸泡
 30分钟，以除掉腥味。

2 洋葱、胡萝卜、芹菜、大蒜切成
 碎末。

3 黄油放入锅中加热，待融化后，加
 入洋葱、胡萝卜、芹菜炒至发软。

4 添入混合碎肉，翻炒至变色后，
 加入蒜末、味噌，炒出香味。

5 倒入番茄罐头，将番茄捣碎，放入
 盐、胡椒粉、月桂叶。煮沸后转小
 火，盖上锅盖炖煮40分钟左右。

6 用厨房纸巾将鸡肝擦干水，切丁。

7 将鸡肝末放入锅中，整体搅拌均
 匀，熬煮5分钟后加入生奶油，
 最后撒上盐、胡椒粉调味。

活用剩余食材做料理

"今天吃剩菜吧？"听到我这么问，先生一脸吃惊地说："啊？"大概是因为"剩菜"这两个字容易给人一种悲惨的感觉吧。不过请你想一想：家里的食材在什么情况下才算是剩下的，买回来两三天一直没有动的，还是只吃了一半后剩下的？

即使是剩余的食材也要充分利用。每一种食材都凝聚着生产者的辛勤汗水，不知经过了多少人之手才被摆上货架，并来到了我们的家里。如果我们白白浪费这些食材，未免有点可惜。只要下功夫用心处理，剩余的食材也能华丽"变身"为美味的料理。在提倡"珍惜食物"理念的当下，我们更要充分利用食材，帮食材实现最大的"人生价值"。

我经常会玩这样一种"游戏"——在家中购物。也就是说，**用购物的心情发掘家中剩余或常备的食材，看看该怎么搭配，能够做出哪些料理来。这个"游戏"自己是百玩不腻。**做料理就是一种发挥想象力的工作。请不要把它当作一种被迫完成的痛苦的家务活，而是把它当成充满乐趣的爱好，这样我们才能做得开心做得好。

德式什锦汤

蔬菜不问种类，只用一口锅就能煮出鲜美的什锦汤。
什锦汤饱含大量蔬菜，鲜味十足。

材料（4~6人份）

培根（成块） ·············· 100克
香肠 ······················ 4~6根
胡萝卜 ····················· 半根
洋葱 ······················· 半个
芹菜 ······················· 1根
土豆 ······················· 2个
南瓜 ······················ 1/8个
白萝卜 ··············10厘米的长段

大麦仁 ················ 2~3大勺
色拉油 ···················· 少许
水 ······················ 800毫升
固体汤料 ·················· 适量
盐、胡椒粉 ················ 适量
欧芹 ······················ 适量
裸麦面包、黄油·········· 各适量

制作方法

1 将大麦仁放入水中（刚好没过大
麦仁的水量）浸泡片刻。

2 培根切成1厘米宽的长条，香肠
切成近1厘米厚的圆片。

3 将南瓜切成2厘米见方的小块，
其他蔬菜切成1厘米见方的块状。

4 往锅中倒入色拉油，待油热后加
入培根、香肠，小火煎烤。待油
分渗出后，放入胡萝卜、洋葱、
芹菜，将洋葱炒至发软后，添入
土豆、南瓜、白萝卜，整体翻炒
使油分均匀沾裹。

5 锅中添入水、固体汤料，沸腾后
转中火煮10分钟左右。

6 将大麦仁连浸泡的水一起倒入锅
中，继续炖煮。再次煮沸后转中
火，煮至大麦仁变软后，撒上
盐、胡椒粉调味。

7 盛入餐具，点缀上切碎的欧芹
末。享用时可搭配涂匀黄油的裸
麦面包。

MEMO

德式什锦汤（德语：Eintopf）的
基本食材有洋葱、胡萝卜、芹
菜、培根。如果有其他剩余蔬
菜，都可以随意添加进去。蔬
菜的分量约为培根、香肠等肉
食的2~3倍。

鸡肉味噌汤

鸡肉本身渗出来的鲜美肉汁让味噌汤整体口感温和，
再搭配上出汁，味道更醇厚。

材料（2～3人份）

剩余的鸡腿肉 ········ 30～50克
洋葱·························· 1/4个

出汁
┌ 水 ··························· 500毫升
└ 沙丁鱼干 ······15克（5～10条）
麦味噌 ·················· 2～3大勺
胡椒粉（根据个人口味
随意添加）·················· 少许

制作方法

1 提前将沙丁鱼干放入加水的锅中
  浸泡一晚或半天时间。

2 将鸡肉切成适合食用的大小，洋
  葱切片。

3 将步骤❶的汤加热，小火煮5分
  钟左右后，加入鸡肉、洋葱，炖
  煮至食材熟透。

4 汤中放入麦味噌，并搅拌溶化。

5 将做好的味噌汤盛入碗中，根据
  个人口味撒上胡椒粉。

MEMO
1小碗味噌汤大约用1大量杯
出汁。但是，由于味噌种类
不同，所含盐分可能会有差
异，料理时请根据家里常用
的味噌和个人口味酌情调整。

用剩余食材做料理正是
发挥创意的好机会！

在德国，如果用剩余食材做料理，一般是几个固定的菜式。

其中一种是奶汁烤菜。不管是什么食材，拌上白汁酱放进烤箱烤熟，就能"变身"为香喷喷的美味佳肴。比如，如果家里的西蓝花不小心剩下了一半，那么就可以裹上白汁酱用烤箱烤一烤。

如果单种食材的量不够多，可以加上些其他蔬菜。妈妈常常会把花椰菜和西蓝花合在一起烤。白汁酱中的牛奶用煮蔬菜的汤汁或高汤来代替的话，做出来的奶汁烤菜口感会更加清爽。另外，如果往白汁酱中放些奶酪，它的醇厚感就会更胜一筹。在白汁酱表面上撒些奶酪粉，烘烤出来的料理香气四溢，美味十足。除了普通的速溶奶酪，蓝纹干酪和奶汁烤菜其实也很搭。家里没有奶酪的话，在表面撒上一层面包糠也是一个不错的点子。焦脆的表皮吃起来口感酥脆，一不小心就会上瘾。

此外，沙拉、什锦汤、鸡蛋卷、法式咸派、意大利面等也都可以利用剩余的食材制作。不过，利用剩余食材做料理时，你需要注意食材是否搭配。在味道均衡以及口感这两方面多用些心，做出来的料理一般不会有什么失误。如果还有余力，能在料理的外观上下点功夫就更好了。无论什么料理，最后点缀上一抹绿色（小葱碎、欧芹、嫩豌豆荚等）的话，不仅菜品看起来赏心悦目，也会让味道更添一分。

调味方面，把握好酸、甜、咸、苦、鲜这五味的平衡，就能使整道料理更加美味。比起单用一种味道，将两种以上的味道组合在一起，美味就会简单翻倍。

例如，沙拉调味汁一般是咸、酸组合，如果根据个人喜好加上一丝甜味的话，做出来的沙拉会更可口一些。日本的炖煮料理除了甜味、咸味，其实还有鲜味，味道均衡合理，所以好吃。我们做料理的时候尝一尝味道，如果感觉味道还差那么一点点，不妨试着加一些新的味道，从而使整道料理的味道均衡。鲜味不够容易导致料理口感不够好。日本料理中，有两样调味料可以直接用来提鲜，那就是酱油和味噌。在西式料理中，大家也会用酱油来调味。除此之外，西式食材中也有不少增鲜的好物，如培根等加工过的肉类、盐渍凤尾鱼等海鲜类、奶酪、番茄、炒洋葱等。掌握这些食材的特性后，我们在料理过程中运用起来就能游刃有余了。

当然，活用剩余食材并非西式料理的"特权"。有一次，我将冰箱里剩下的干鱼片煎熟后，把散开的鱼肉盖在煮好的素面上，再添上冰箱里剩余的番茄、西蓝花，撒上一小撮熟芝麻，最后淋了些面汁①，稍微搅拌后就吃掉了。虽然我不会再特意做第二次，但是面的味道还可以。不断地去尝试，有时就会有意想不到的发现。还有一次，我将冰箱里剩下的薄猪肉片和卷心菜炒熟后，然后用柚子胡椒粉调了味儿，辛辣的味道一下子就让自己着了迷，吃完后还想吃第二次、第三次……**即使出现小小的失败也没关系，毕竟不是餐厅里提供给顾客的精致料理。不断挑战尝试，充分发挥创意，正是家庭料理的乐趣所在。**

---

①译者注：面汁是日式料理的基本元素之一，用出汁、酱油、味醂、砂糖等制成，用途广泛。

时不时 "瞄" 一眼冰箱最里面有什么

打开冰箱或食品储藏间翻找一下，你会意外发现很多囤积的食材。看看你家的冰箱里有没有放进去之后就一直忘记拿出来的食材。新鲜食材要比放久了的食材做出来的料理更好吃，所以，请记得时不时 "瞄" 一眼冰箱最里面有什么吧！

剩余食材巧妙搭配，"变身"餐桌主角奶汁烤菜

西蓝花口感清爽，和有着浓郁烟熏风味的培根格外相搭。将两种食材略炒后做成奶汁烤菜是不错的主意。如果没有培根的话，或许可以试试盐渍凤尾鱼。若想把奶汁烤菜当作主菜，可以掺上煮熟的螺旋意大利面，烤出来的味道会很不错。

保存食品

　　各种新鲜食材都有自己的季节。一到季节，就是食材大丰收的时候。新鲜食材加工后保存到收获匮乏的时节食用的食品就叫保存食品。将新鲜食材晒干或烘干，或腌渍，或用砂糖熬煮防止变质，加工处理的方法多种多样。

　　如今，不管什么季节，我们都能买到各种各样的新鲜食材。不过，保存食品立马能够享用，还能拿来搭配很多料理，制备一些的话，使用起来会非常方便。

　　另外，我们多做一些保存食品，送给朋友，与大家一同分享美味，也是件难得的乐事。

德国酸白菜

德国酸白菜不放一点点醋,吃到的都是自然的酸味,
由发酵带来的味道变化值得期待。

材料 (适合操作的分量)

洋白菜························· 1颗
盐········ 洋白菜重量的2%的量

A
月桂叶 ······················ 1枚
辣椒 ······················· 1根
丁香 ·····················2~3粒
葛缕子 ······················ 少许

制作方法

1 各准备一个较大的玻璃瓶和碗。
将玻璃瓶用开水煮沸消毒后,自
然晾干。碗用热水烫一下。

2 洋白菜去芯后称重,计算出所
需盐量。

3 将去芯后的洋白菜切成丝,放入
碗中,撒上盐后用手轻轻揉搓。

4 加入A中的香辛料,稍微搅拌后,
边装瓶边用力摁压以挤出水分。

5 装完后盖上保鲜膜,防止洋白菜
与空气接触,并放上腌渍用的镇
石。静置半天,等水分渗出。如
果半天过后渗出的水不多,可以
倒入盐水促使水分快速溢出(100
毫升水一般兑2克盐)。

6 常温(18度左右)下发酵3~6
天。发酵过程中,会有泡沫渗
出,在玻璃瓶下垫一个托盘比较
保险。然后放在10度左右的环境
中继续发酵两三周,待熟化后即
可食用。

MEMO

当腌渍的洋白菜头几天比较新
鲜时可以直接当沙拉吃。将腌
渍上一段时间的洋白菜和洋葱、
培根一起翻炒,加入高汤炖煮
的话,同样风味十足。

蒜盐

辛辣浓郁的蒜香能为料理平添一分味道，
不论日式料理还是西式料理都能用到。

材料（适合操作的分量）

大蒜·······························10 瓣
盐···········和干燥后的大蒜等量

制作方法

1 大蒜去芯，切成碎末。

2 对蒜末进行干燥处理，既可摊在
  铁板上（铺上垫纸）放在阳光下花
  上数天时间自然晒干，也可用110
  度低温的烤箱烘烤1小时左右（请
  记得时不时翻动一下）。

3 将烘干后的蒜末称重，放入同等重
  量的盐，混合均匀后装入瓶中。

左为梅子酱，右为李子香草果酱。

李子香草果酱

做果酱用的李子不分种类，哪种都可以。
酸酸甜甜的李子和肉桂、丁香乃是绝配。

材料（适合操作的分量）

李子·························	1千克
砂糖·························	500克
肉桂·························	1根
丁香·························	3粒

制作方法

1 托盘放入冰箱。

2 李子切开去核。

3 将李子果肉、砂糖、肉桂、丁香放入锅中煮沸后，转中火慢慢熬煮，直至水分收干，中途要不停搅拌以防粘锅。

4 将托盘从冰箱里取出，用勺子刮取少许步骤❸中的果酱，放到托盘里冷却。察看冷却后的果酱浓度，如果没有结块，就可以将肉桂、丁香挑拣出来，趁热将果酱装进煮沸消毒完毕的玻璃瓶里，密封倒置。

MEMO

用其他水果熬制果酱时，砂糖的分量也大致为水果重量的一半。请试着动手做一次自己喜欢的草莓酱或梅子酱吧！

苹果干

凝缩着苹果鲜美精华的果干味浓甘醇，既可作为零食直接食用，
也可在制作点心或料理时放上一些，以提升风味。

材料（适合操作的分量）

苹果·····················2～3个
砂糖·····················2～3大勺

制作方法

1 将苹果去皮去芯，切成8～10等
份的小瓣。

2 将果肉放入锅中，倒入刚好没过
果肉的水量，加入砂糖后开火。
煮沸后转中火，耐心熬煮，直到
将果肉煮至透明状，注意尽量不
要将果肉煮烂。

3 煮好后捞出并控干水分，摊放在
晾晒筛里进行干燥（根据天气情
况，需要数天时间）。将干燥好
的苹果干装入密封容器，保存在
冰箱里。

亲手制作自己喜欢的保存食品

　　在德国这样冬季漫长、夏季短暂的国度，从很久以前，每户家庭都会制作大量的保存食品。将夏天丰收的果蔬做成罐头，或腌成泡菜，或熬成果酱，或榨成果汁，做好各种准备。到了雪花飘飘、果蔬匮乏、无法摄取新鲜维生素的冬天，德国人就依靠这些凝聚着人类智慧的保存食品来摄取人体所需的维生素。

　　德国盛产香肠和火腿等用猪肉加工而成的肉制品。其实，这些也是保存食品，作为重要的蛋白质来源，是人们花了不少心血和功夫摸索发明出来的，以便在一年四季任何时候都能享用。第二次世界大战前，猪肉加工食品大都是自家制作的。我经常听外祖父提起，普通的农户在一个冬天内，都会逮上三头猪亲自处理加工，做成火腿、香肠、醋渍肉、熏肉或是培根。受每个地方的风俗或家庭传统的影响，人们加工的猪肉也是风味不一。他们在制作的过程中，有的会放上香草，有的则会添些其他的香辛料等，总之各有特色。这些肉制品是一个家庭一整年的蛋白质来源。

　　我主要做蔬菜类保存食品，像德国酸白菜、醋渍黄瓜，还有不放大蒜、辣椒的泡菜。虽然我也不确定能不能称之为泡菜，但是在我们家习惯这么叫，希望大家不要太在意。做这种泡菜的原料有白菜、胡萝卜、白萝卜、洋葱、大葱。韩国泡菜加的是虾酱，我们家做泡菜时用的则是鹿儿岛常见的盐渍鲣鱼内脏，以帮助白菜发酵。若泡菜酸味太重，可以拌上一些蜂蜜或果酱来调味。

做德国酸白菜时，我也会稍做调整，不仅会掺些葛缕子、月桂叶进去，也会尝试加一点莳萝、辣椒、大蒜等。

到了水果旺季，我很喜欢将应季水果做成果酱，可以说是乐此不疲。做好的果酱可以加入每天早餐吃的酸奶中，或直接涂在面包上。回鹿儿岛时，我有时会收到邻居自家种的水果，有时途经车站也会买些新鲜便宜的水果。于是，我春天做草莓酱，夏天做李子或浆果类果酱，冬天做柑橘酱，坦然接受大自然春夏秋冬丰富多彩的馈赠，并精心制成多滋多味的果酱，才感觉不辜负这美好的时光。亲手制作的果酱，和超市里出售的价格低廉、大批量生产的果酱不同，用新鲜的果实一点点煮出来的果酱，熬煮时间不会太长，水果的香气就不会散失，做出来的果酱就会保留水果原汁原味的芳香与甘醇。而且，在自家的田地里采摘果实并做成果酱，这一连串的劳作本身同样充满着乐趣。

德国人吃果酱的方法与日本人有些不一样，他们完全把果酱当水果吃。普通大小的一瓶果酱，几乎一周"消灭"一瓶，他们会毫不吝惜地用它涂满面包，十分豪气。其实，果酱不仅用来涂面包，还可以抹在司康饼上，或用来制作英式传统点心乳脂松糕。将打发的淡奶油、切成丁的海绵蛋糕，还有新鲜的蓝莓果酱交互着放入玻璃杯。待各层稍微渗透融合后，一款口感清爽的优雅甜点就完成了。

亲手制作保存食品，可以毫不吝啬地使用很多鲜嫩的果蔬，我们在感知四季更迭的同时，也清楚放了哪些食材和调味料，吃起来安全又放心。而且，保存食品还能灵活运用在各种料理中，为餐桌增添不同寻常的风味，是一种非常便利的常备食品。

用现摘的蓝莓做果酱

以前，我曾去朋友的农田里摘过蓝莓，然后带回家做果酱。去年，我在鹿儿岛家的田地里也种了几棵蓝莓树，结果今年收获了足足一公斤的蓝莓！想到明年收获的可能会更多一些时，内心就充满了期待。于是，今年可以用自己种的蓝莓做果酱啦。

用香草等香辛料来"邂逅"美味

我在做蓝莓果酱时，稍微花了一点小心思，摘了几枚自家种的月桂树的叶子放进去一起煮。做出来的果酱别有风味，透着一股淡淡的月桂叶的清香。像这样试着加入些香辛料，时不时就会"邂逅"意想不到的美味。

专栏
巧用香草等香辛料

在德国，香草等香辛料是做菜时必不可少的元素，但是我常听到主妇们抱怨不知道该怎么灵活利用这些调味料。

香草的用法基本和紫苏、茗荷、生姜之类的差不多。我经常用的新鲜香草有三种：迷迭香、罗勒和百里香。这些香草在各大超市都能轻松买到。

其他香辛料的种类也有很多，不过，我们实在没必要买一大堆香辛料回家，只需选择几种自己做料理时常会用到的即可。

干燥的香辛料能丰富料理的色香味

我家常备的干燥香辛料主要有：炖煮时用的丁香、杜松子，做料理时能够增香添艳的红甜椒粉，还有做土豆泥、奶油烤菜等用到乳制品的料理时常会添加的肉豆蔻。

用新鲜香草为出锅料理
"润色"
新鲜香草用来作为料理的点
缀，效果不错，尤其是罗
勒，比起干燥的罗勒叶，我
强烈推荐使用绿意盈盈的新
叶。两种状态下的香草，味
道有着天壤之别。（照片自
左至右分别为迷迭香、罗
勒、百里香。）

剩下的欧芹切成碎末保存
和罗勒一样，欧芹也是新鲜
的更加香气浓郁。如果没有
趁鲜用完，我会将其切成碎
末，保存在冰箱里，需要时
伸手即取，十分方便。

剩余的香草不妨做成香草黄油
如果有多余的香草，可以用它来
做香草黄油。将黄油放到常温下
略微化开后，撒上切碎的新鲜香
草，用保鲜膜裹起来调整到满意
的形状后，扎起来，放入冰箱冷
冻起来，掺上一些蒜末、洗净的
柠檬皮也不错。

第三章

款待料理

我很喜欢在家中招待客人。虽说需要款待客人，但也不会做得太过火，而是时刻将"轻松再加上一点点特别"这一理念放在心里。

　　料理方面，只要决定好"待客食谱"，就能做到心中有数。我比较推荐法式咸派、意大利千层面等，因为这些都可以提前一天准备，能减轻不少待客当天的负担。

　　餐桌布置也是同样的道理，只要事先将待客用的餐具和桌布确定好，准备时就会格外轻松，不会慌乱。

用拿手菜款待客人

一听到"款待"二字，我就会稍微有些紧张。这是因为款待这个词中包含着"将客人放在第一位，诚心实意、无微不至地关怀客人"这样的含义。有点遗憾，我做不到这么完美。或者说，我觉得其实并没有必要在家中这样款待客人。下面这件事就是让我产生这种想法的一个契机。

有一次，住在同一栋公寓里的朋友邀请我去家里聚餐。我到了之后，朋友接二连三地从厨房里往餐桌上端送食物，忙活得脚不沾地。我看着委实有些不忍，便问道："需要我帮忙吗？"结果朋友干脆利落地拒绝了我，热情地说："请随便坐随便坐！"我本来挺期待和朋友聊聊天的，结果他在厨房里一直忙个不停，都没空儿落座。当天的晚餐不管料理还是葡萄酒都很可口，无疑是一顿完美的晚餐，但我却感觉多少有些遗憾。

就在我思考到底是哪里出了问题时，忽然想到了德国朋友们聚会时的情形。德国人聚餐时，氛围轻松融洽，待客料理一般就是什锦汤、面包配葡萄酒，或是开胃小菜、意大利面配葡萄酒，大都是

日常菜肴。餐桌虽比平日布置得漂亮些，有那么一点点"助兴"的感觉，但不会让人感到太过刻意。主人也好，客人也罢，都能够随意尽兴地享受聚餐。伴手礼也是，德国人不会精心准备多么特别的东西，大多是像"平时常喝的便宜葡萄酒"那种，对于伴手礼双方都不会在意。这次我被邀请，下次换我招待，礼尚往来，有这份心意和行动就足够了。

自从注意到这点，我决定以后在自家请客时也不勉强自己。现在，我正在不断地尝试并总结在家待客时应该确定哪些固定的料理。

在家里招待客人时，料理的话，我建议最好做自己平时做惯了的拿手菜。一边忙着打扫和布置餐桌，一边还要不断地看食谱挑战自己从没做过的料理，你肯定会精疲力尽。**哪怕是家常饭菜，我们只要稍微下点功夫，比如选择质优味美的食材，或用比较特别的餐具来盛放，就能轻松变成饱含热情的款待料理。**

鹿儿岛的家里常常会有客人留宿，我白天要陪他们一起观光，根本没有太多时间来准备料理。这些料理既要让客人们品尝到鹿儿岛当地才有的应季食材，又得是能轻松制作的。经过一番斟酌后，我决定用BBQ（烧烤）来做肉类主餐，并请先生帮忙全权负责，我只需做一些搭配用的蔬菜沙拉，准备起来十分轻松。

如果午餐想请大家吃轻食，那么我比较推荐法式咸派。只要我们会做基本的派皮、蛋液，馅料的食材灵活搭配即可。法式咸派既容易彰显季节感，外观也很好看。这是我平时常做的料理，制作起来没有什么难度，但是又稍带一些特别感。最重要的是，法式咸派可以提前一天做好，放着备用。

　　等客人来齐后，我一般先倒上葡萄酒，请大家边从容品酒边悠闲地尝些开胃小菜。在陪大家聊天的空当儿，再稍微热一下提前做好的法式咸派。我常常会"毫不客气"地请大家帮忙："这个能搭把手端一下吗？""能帮我倒一下葡萄酒吗？"我只需将盛有沙拉的大碗端到桌上，当场拌匀后分到每个人的盘中。**我的待客之道，就是和大家一起从容享受愉快的聊天时光。**

三种开胃小菜

开胃小菜做法简单，只需我们自由搭配家中的常备菜或买来的食材就能完成。
准备几种不同的开胃小菜，会让餐桌看起来缤纷多彩。

豆泥开胃小菜
材料（适合操作的分量）

腰豆（罐装）	100克	胡椒粉	少许
迷迭香	1根	橄榄油	2～3大勺
蒜盐（请参照第87页）		法式长棍面包	适量
	半小勺		

制作方法

1 罐装腰豆有汁液的话，要用水冲洗腰豆并控掉水。

2 将腰豆放入碗中，用手持搅拌器打成泥状。（若豆泥较硬，可以稍微加水调节。）

3 将切碎的迷迭香叶、蒜盐、胡椒粉、橄榄油放入豆泥中搅拌，适当调整软硬口感（若较硬，可继续加水微调），静置30分钟，使豆泥充分入味。

4 将法式长棍面包切成薄片，涂上做好的豆泥。

番茄干开胃小菜
材料（适合操作的分量）

小番茄干（请参照第61页）		法式长棍面包	适量
	适量	百里香	1根

制作方法

将法式长棍面包切成薄片，摆放上适量的番茄干，将百里香切成小段并点缀在上面。

鹅肝酱开胃小菜
材料（适合操作的分量）

鹅肝酱（市面上有售）	适量	法式长棍面包	适量
苹果干（请参照第89页）	适量		

制作方法

将法式长棍面包切成薄片，涂上鹅肝酱，点缀上切碎的苹果干。

意大利千层面

"咚"地摆上热腾腾的意大利千层面，整个餐桌就显得"分量十足"。
提前一天将意面准备妥当，享用前只需简单烘烤。

材料（6～8人份）

千层面专用面皮 ……… 6～8张
肉酱（请参照第73页）
………………1/2～2/3的量
帕尔玛奶酪……………… 100克

白汁酱
┌ 黄油、面粉 ………… 各40克
│ 牛奶 ………………… 500毫升
└ 盐、胡椒粉、肉豆蔻 … 各少许

制作方法

1 制作白汁酱（做法请参照第64页）。

2 按照千层面专用面皮包装上注明的时间，将面皮煮熟，沥干水分。

3 往耐热容器中铺上少许白汁酱。

4 将剩余的白汁酱、擦碎的帕尔玛奶酪、面皮各分成四等份，将肉酱分成三等份。

5 往耐热容器中依此放入面皮、肉酱、白汁酱、奶酪碎，做成小分层。重复摆放两次，形成三层后，在最上面再摆上面皮、淋上白汁酱，最后均匀撒入奶酪碎。

6 烤箱180度烘烤30分钟左右，待表面烤至上色并散发出香味即可。

MEMO
提前将意大利千层面准备成"享用前只需简单烘烤"的状态，保存在冰箱里，客人到来时就不会慌乱忙碌。此时专用面皮无须煮熟，直接摆进耐热容器就OK。从冰箱里取出的意面立马烘烤的话，因为温度过低，烘烤时间会比较长，提前取出恢复到常温后再烤制，相应会省时一些。

法式咸派的蛋液、派皮制作方法

学会做蛋液、派皮后，只需在馅料上做变化，就能做出多种多样的法式咸派。

咸派蛋液

材料（直径18厘米的派皮所需分量）

鸡蛋······························ 2个
生奶油、牛奶········ 各100毫升
盐、胡椒粉、肉豆蔻······ 各少许

制作方法

1 将鸡蛋、生奶油、牛奶放入碗中，搅拌均匀。

2 加入盐、胡椒粉、肉豆蔻调味。

※1个鸡蛋大概匹配100毫升液体。

派皮

材料（直径18厘米的派皮所需分量）

面粉······················ 160克
黄油······················· 80克

鸡蛋（小号）················ 1个
盐·························· 一小撮

蛋液、派皮不小心剩下的话
上面介绍的是一块派皮所需蛋
液的大致分量，根据所用食材
不同，蛋液可能会有剩余。这
时可将蛋液倒入耐热杯用烤箱
烘烤，就能变为西式茶碗蒸。
如果同时有剩余的派皮，不妨
一起做成迷你法式咸派（见左
图）。

制作方法

1 将烤箱预热150度。

2 用黄油将模具内侧完完整整涂抹一遍,并撒上一层面粉。准备好的模具在使用之前,要一直放在冰箱里冷却。(a)

3 将黄油切成小方块放入冰箱冷却,使用时再拿出。

4 将面粉、黄油、盐放入料理机搅拌,时不时用手触摸并观察黄油融化状态,搅拌至黄油没有凝块即可。(b)

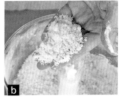

5 往料理机中打入鸡蛋,再次搅拌,直至面粉成型。若搅拌太过则面胚容易发硬,稍微留些散粉较好。

6 用两张保鲜膜将面胚裹起来,用擀面杖擀成比模具稍大一圈的圆面片(若面胚质地过软,可放入冰箱冷却片刻),厚薄要均匀。(c)

7 先揭掉上层的保鲜膜,将圆面片翻过来放入模具,再揭掉另一张保鲜膜。轻轻地将圆面片填满模具,切掉边缘多余部分。(d)

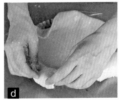

8 用叉子将整个圆面片戳上一些小洞,以均匀受热。(e)

9 给整个模具里的面胚裹上一层铝箔纸,均匀铺遍模具的角角落落。(f)用预热150度的烤箱烘烤10分钟左右,取出,揭掉铝箔纸后,继续烘烤5分钟。

春之咸派

三文鱼和芦笋红绿相间，洋溢着春天婉约轻快的气息，
最后点缀上鲜嫩的莳萝，更显清新。

材料（直径18厘米的派皮所需分量）

派皮（请参照第106页）……1枚
烟熏三文鱼 ………………… 80克
芦笋 ……………………………1束
蛋液（请参照第106页）
……………………………… 1次用量
莳萝…………………………… 数根

制作方法

1 将芦笋较硬的部分去掉，横着从
中间一切为二，用盐水煮熟，捞
出并用水过滤，沥干水分。

2 将烟熏三文鱼和芦笋成放射状交
错摆在派皮上，倒入蛋液。

3 烤箱180度烘烤30分钟左右，直
至表面上色。用叉子戳一下派皮，
若无蛋液附着粘连，则烤制完成。
若蛋液仍未凝固，继续烘烤5～10
分钟，时刻观察情况。烤好后，
放在网架上冷却。

4 撒上切碎的莳萝。切分时，待咸
派完全冷却后再切会比较漂亮。

夏之咸派

只有西葫芦！
尽情品尝油炒西葫芦的软嫩多汁。

材料（直径18厘米的派皮所需分量）

派皮（请参照第106页）……1枚
西葫芦 ……………… 2～3根
大蒜…………………………1瓣
色拉油…………………… 1大勺
盐、胡椒粉………………各少许
蛋液（请参照第106页）
…………………………1次用量

制作方法

1 将西葫芦切成1厘米厚的圆片，用水浸泡片刻去掉苦味。将蒜瓣切成碎末。

2 用平底锅将色拉油加热后，把挤干水分的西葫芦放进去，煎至两面变色（口感较软的话更好吃一些，尽量煎透）。待西葫芦煎至发软后，放入蒜末，炒出香味后关火，撒上盐、胡椒粉调味。

3 将煎好的西葫芦铺满整个派皮，倒入蛋液。

4 烤箱180度烘烤30分钟左右，待表面上色后即可。

秋之咸派

尝试用竹荚鱼干代替培根，
没想到日式的食材和法式咸派竟然也很搭！

材料（直径18厘米的派皮所需分量）

派皮（请参照第106页）……1枚
竹荚鱼干…………………1～2枚
芋头………………………2～4个
大葱…………………………1根
色拉油………………………1小勺

蛋液（请参照第106页）
……………………………1次用量
欧芹（碎末）………………1小勺

制作方法

1 将竹荚鱼干用烤架或平底锅烤熟
或煎熟后（用平底锅的话，可以

铺上平底锅专用铝箔纸，以防沾
上鱼腥味），取出自然冷却，将
鱼肉松散成较大块儿。

2 芋头切成1～2厘米见方的小块并
煮熟，大葱切成2～3厘米的小
段。平底锅倒油加热，放入葱段
煎至表面上色。如果葱段中间较
硬，可盖上锅盖利用蒸汽使葱段
均匀受热。

3 将竹荚鱼干、芋头、葱段散铺在
派皮上，倒入蛋液。

4 烤箱180度烘烤30分钟左右，直
至表面上色。

5 烤好后，点缀上欧芹。

冬之咸派

火腿、菠菜、奶酪是法式咸派的经典食材，
浓厚香醇的奶酪足以温暖寒冷的冬季。

材料（直径18厘米的派皮所需分量）

派皮（请参照第106页）……1枚
火腿……………………… 50～80克
菠菜…………………………… 半把
格吕耶尔奶酪 …………… 50克
盐………………………………… 少许
蛋液（请参照第106页）
………………………………… 1次用量

制作方法

1 将火腿切成2～3厘米见方的小块。

2 锅中加水煮沸后，放入少许盐。将洗干净的菠菜放入锅内，煮1分钟左右，待菠菜变软后捞出，并放入水中冷却。将冷却后的菠菜挤干水分，切成2～3厘米长的小段。

3 将格吕耶尔奶酪擦成奶酪碎。

4 将火腿、菠菜摆在派皮表面，撒入奶酪碎，倒入蛋液。

5 烤箱180度烘烤30分钟左右，直至表面上色。

餐桌布置

    德国人十分重视客人来家中做客时的餐桌布置。我也一直虚心学习，时刻注意将餐桌收拾得干净整洁，同时彰显季节感，尽可能营造一种"轻松再加上一点点特别"的待客氛围。

    我比较偏爱深蓝色的素底桌布，即便不小心染上污渍也不会太醒目。装点用的鲜花往往在经常光顾的花店选购。家里的盘子并不是很多，大概分自然随意和端庄优雅两种风格，我会根据情况自由选用。

    需要注意的是，餐桌布置在客人到来前全部准备妥当较为合适。

餐桌上要记得点几根蜡烛、放些盐
布置餐桌时，除了摆上杯碟和刀叉，也
请不要忘记点上几根蜡烛、放些盐。比
起"亭亭玉立"的长蜡烛，小巧玲珑的茶
蜡更能烘托餐桌的惬意氛围。放些盐的
话，客人可以根据自己的喜好调味。

挑选数枝同一种的鲜花，插入花瓶刚刚好
鲜花的摆设无须复杂，只要将数支一样的鲜
花插在花瓶中即可，也少了搭配花色的麻
烦。摆放位置的话，略低于客人落座后的水
平视线，尽量不干扰大家聊天。如果装点餐
桌的鲜花过于夺目，建议待客人坐下来后立
即将其挪到其他地方。

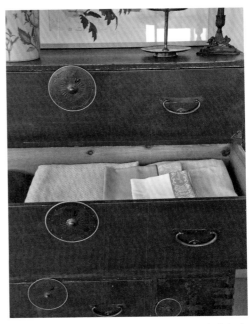

德国式款待
离不开桌布

我家的桌布统一收纳在餐厅一角的桐木柜子①里,并按颜色、质地分成数种,根据场合酌情选用。不过,我建议再准备一张任何情况下都能使用的桌布,以备不时之需。桌布使用前用熨斗熨烫整齐,更能显示出主人的一分精致。

在德国人的餐桌上,最常见的还有纸巾。白色冷淡系的餐具搭配上印有图案的纸巾,餐桌就不会显得单调。

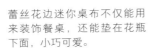

蕾丝花边迷你桌布不仅能用来装饰餐桌,还能垫在花瓶下面,小巧可爱。

①译者注:桐木柜子在日本一般用来收放和服,喜欢古董家具的门仓特意将淘到的柜子改装成了餐具柜。

稍微改变一下
盛放方式，
氛围立马不同

将再普通不过的汤分开盛入一人份的杯子，放在托盘上，既方便大家自由拿取，又会营造一点点别致的感觉。备些汤品、开胃小菜、迷你法式咸派等小份料理，就可以让大家一边品尝，一边耐心等待其他未到的客人。①

除了用餐时的甜点，我建议大家再准备些像巧克力之类的零食。装盘的重点是少量多次。不要一股脑儿地装在大盘子里，而是在漂亮的小容器里装上一点，营造出一种特别感。如果家里有高脚盘、绘有图案的小盘子，不妨灵活利用起来。

①译者注：门仓女士一般会在家中定期开办料理教室或生活讲座，参加者通常会陆续登门。

第四章

收纳、整理灵感

厨房是家中拿放物品最频繁的地方。我们准备一日三餐时，离不开各种各样的料理用具，用完后又不得不收拾整理。要想让厨房家务变得更加顺畅从容，就需要打造一个方便取放、利于整理的收纳场所。

　　为所有的物品确定各自固定的存放位置，决定位置时要考虑动线，用收纳盒或置物架将厨柜内部空间有效分隔。这些都不是什么特别难的事情，但如果我们重新审视，一定会有新的发现。一起打造用起来方便顺手的厨房吧。

根据收纳空间决定物品数量

对于大家来说，轻松舒适的空间是一个怎样的概念呢？于我而言，干净整洁、简单安静的空间最能让我身心放松。所以，我的目标就是让自己的家变成那样的空间。

"家"的整个空间是固定的，**要想在有限的空间中过上舒适的生活，最重要的一条原则就是根据空间大小决定拥有的物品数量。**如果不想让物品泛滥或堆满整个房间，就必须要审视并调整物品的数量。

因此，我们需要给所有的物品规定各自相应的存放位置。收纳位置一旦定下来，取用时伸手即拿，整理时无须犹豫，立马就能恢复干净整洁的空间。

厨房收纳的思路也是如此。厨房是家中最忙碌的活动场所，而且有很多料理用具需要整理收纳，但是空间却十分有限。这时，我们就要审视哪些物品必不可缺、哪些物品可有可无，保证物品数量均衡是关键。

料理用具的收纳

对我而言，厨房里最重要的地方就是调理台。为了确保有足够的操作空间，我从来不把物品长时间随意放在台面上，大部分的料理用具都被收纳在柜子或抽屉里。

因为收纳空间极其有限，几年前，我对厨房里的料理用具进行了一次筛选，结果处理掉了微波炉、咖啡机等好几样小家电。饭菜的话就用锅来加热，咖啡可以手工冲泡。为了过上简单舒适的生活，我们必须在一些地方多下功夫，在一些地方做出让步。

选择方便打理的料理用具

选择料理用具时，不只是看功能、外观，打理起来是否方便也是很重要的一点。拿我来说，我比较爱用菲仕乐（Fissler）的不锈钢锅，它质地轻便又容易清洗。

备齐最小限度的必要料理用具

市面上出售的料理用具五花八门，便利小物也数不胜数，因此我们更要弄清楚哪些才是真正有必要的，严选必不可缺的料理用具。

根据使用场景决定收纳场所
确定物品的收纳场所时，需要考虑这种物品是什么时候使用的、使用的频率有多高。将水槽附近、灶台周边使用的物品各自分开，统一收纳在伸手就能拿放的地方，这样做起料理来就会得心应手。

巧用置物架扩充收纳空间
水槽下方一般空间比较大，灵活利用从家居中心买来的置物架，就能轻松增加收纳量。不过，物品塞得太满的话容易阻挡视线，或者形成阻碍，无法快速拿到自己想用的物品，所以建议收纳空间尽量留得富余一点。

调味料、食材的收纳

　　调味料这种东西一不小心就会越积越多，重要的一条原则是固定收纳场所，根据每个场所的收纳空间来调整数量。

　　高明的收纳，诀窍在于对调味料进行分类，然后将它们固定摆放在各自便于取用的地方。像常用的香辛料，可以放在灶台附近伸手就能够到的位置。

　　另外一个诀窍在于，我们扫一眼就能知道哪些容器里都放了哪些物品，这点也很重要。我经常会给收纳盒或收纳篮贴上标签，在上面写清所放物品名称。

洋葱、土豆装进篮子储存

常温保存的根茎类蔬菜，我一般是放在铺有报纸的篮子里。洋葱和土豆放在一起的话，会加速腐坏，所以分开放在两个篮子里。土豆见光就容易发芽，放到避光的地方较合适。

活用保存容器或托盘，
使物品便于拿取

面粉等粉类物品及部分调味料通
常放在厨房上方的吊橱里。它们
被收纳在高处的话，我们拿取放
在最里面的物品时就比较费事，
这时就要多动动脑筋，看看怎样
才能更方便，比如将其移放到食
品保存容器里，或是灵活利用旋
转托盘，等等。

贴上标签，扫一眼就明白

干货、咖啡、红茶等零零碎碎的
东西，我都是放在收纳盒里统一
保管。为保证扫一眼就能明白哪
些容器里放了哪些物品，建议大
家用纸胶带给收纳容器贴上标
签，写清楚物品名称，使用时就
可以避免东翻西找。

餐具的收纳

　　我家的厨房极为狭窄，连一张单独的餐具柜都放不下。所以，日常用的餐具就放在水槽正上方的吊橱里，其他只有特殊日子才会使用的餐具通常收纳在餐厅一角的柜子里。

　　水槽上方的吊橱使用时伸手就能够到，洗净晾干的餐具能立刻轻轻松松地放回去，用来收纳每天使用的餐具再合适不过。

　　客厅一角的柜子也用来收纳餐具，虽然洗完后需要搬运一小段距离，但是布置餐桌时正好方便拿取。

凑齐简单质朴、尺寸不一的盘子
图中分别是大号及稍微小一圈的浅盘，以及较深的盘子。有了这三种盘子，西式料理、日式料理、汤品、甜点等都可以轻松应对。

用一个橱柜装下日常餐具
水槽上方的吊橱里，我专门腾出一个柜子来收纳日常使用的餐具，用这些餐具足够应对一日三餐的盛放。

选择特殊日子用的餐具时，也要时刻考虑收纳空间

除了平时用的简素餐具外，家里还有待客时用的白盘、绘着漂亮花纹的古董浅盘、古伊万里瓷盘等。这些餐具都没有放在厨房的橱柜里，而是收纳在客厅的柜子里。我家不论是哪个地方，收纳空间都很有限。每当"邂逅"精美的餐具时，我都会先斟酌一番空间后再谨慎"下手"。

为想要收纳的物品
『定制』合适的空间

酒杯"躺着"保管
家里的酒杯都是"躺着"保管在桐木柜子里。柜子的抽屉较深，便从中间分成内外两层，再用隔板隔开，固定好底部，并打上缺口，用来摆放酒杯再合适不过，可以说是"高枕无忧"。

有效分隔抽屉空间
我一直想把玻璃容器放心收纳在桐木柜子的抽屉里，便请朋友为抽屉量身定制了隔断。这样一来，就不用担心破损问题了。

古董日式柜子变身餐具柜
厨房里放不下的餐具，都收
纳在前面提到的桐木柜子和
图中这个柜子里。泛着年代
感的木质柜子沉稳厚重，为
室内氛围平添一分优雅，而
且纵深的设计能够收纳很多
物品。

杯碟摞起来收在抽屉里
咖啡杯、茶杯等数只一组，倒着摆起来放
在抽屉里，不但比单个摆在架子上更安稳，
而且靠里收纳的杯碟也能轻松地取出。

用烘烤点心的模具收纳刀叉
刀叉、勺子按种类、尺寸大小分开的话，就不
会乱成一团。做磅蛋糕等用的模具较深，长
度也合适，铺上衬布后，正好可以收放刀叉。

图书在版编目（CIP）数据

德国式简单厨房法则/(日)门仓多仁亚著；颜尚吟，王菲译.--济南：山东人民出版社，2021.4

ISBN 978-7-209-12862-9

Ⅰ.①德… Ⅱ.①门… ②颜… ③王… Ⅲ.①厨房－管理 Ⅳ.①TS972.26

中国版本图书馆CIP数据核字(2020)第196468号

Tania shiki Daidokoro Shigoto ga Simple ni naru Rule
© Tania Kadokura 2016
First published in Japan 2016 by Gakken Plus Co., Ltd., Tokyo
Chinese Simplified Character translation rights arranged with Gakken Plus Co., Ltd.
through Shinwon Agency Co. in Korea

山东省版权局著作权合同登记号　图字：15－2018－208

德国式简单厨房法则

DEGUO SHI JIANDAN CHUFANG FAZE

〔日〕门仓多仁亚 著　　颜尚吟　王菲 译

主管单位　山东出版传媒股份有限公司
出版发行　山东人民出版社
出 版 人　胡长青
社　　址　济南市英雄山路165号
邮　　编　250002
电　　话　总编室 (0531) 82098914
　　　　　市场部 (0531) 82098027
网　　址　http://www.sd-book.com.cn
印　　装　天津图文方嘉印刷有限公司
经　　销　新华书店

规　　格　32开 (148mm×210mm)
印　　张　4
字　　数　100千字
版　　次　2021年4月第1版
印　　次　2021年4月第1次
ISBN 978-7-209-12862-9
定　　价　42.00元
　　　　　如有印装质量问题，请与出版社总编室联系调换。